是我，是他，是你，

如同冰原上的雪絮。

响应千万年的不变，

在又一个夏季，

我们，飘落两极。

偎 依

——写于白令海并致亲密队友

在这里，

我们解读海的默想，

也曾倾听冰的无语。

在这里，

我们领教

强光四射的张扬，

更记住了

那万物归一的含蓄。

我们是如此的幸运，

因为人，是造化的儿女。

我们将加倍地虔诚，

因为新生，将从这里孕育。

是我，是他，是你，

如同冰山里的颗粒。

拥着太阳般的理想，

在这个寒冷的夏季，

我们，紧紧偎依。

张岳庚

一九九九年九月

白色记忆

张岳庚 著

知识产权出版社
全国百佳图书出版单位

相聚

南极华人记者俱乐部 ANTAR

洪仁珍

王春云

李重青

二月二十八日

CHINESE PRESS CLUB. JAN. 199

日 落

涉 冰

冰 盘

远 足

雪 暴

遥 望

雪中

游弋

吊运

探底

收工

表演

倒 影

码头

小艇

序

■贾根整

曾几何时，对中国人来说，极地往往意味着遥远、神秘和陌生。落后与封闭，不仅使中国缺席了南极与北极的地理发现，也使后来对极地的科学考察，在几代人的时间里都与中国无缘。那个时候，到过极地的中国人，寥若晨星；那个时候，中国就连介绍极地的书籍，也是少之又少。

然而事实上，中国的生存发展，离不开极地。作为气候发生器，南极与北极是地球上最重要的两大冷源，通过大气环流与大洋环流，无时无刻不在调节着全球气温。南极大陆，作为唯一未被污染的地区，不仅深藏着无数的科学之谜，而且保存着完整的古环境、古气候的记录，是研究全球变化最好的平台。南极还拥有世界上最大的煤矿、铁矿和丰富的油气、生物与淡水资源。一旦真有需要，这些矿藏与资源，将会在环保等方面万无一失的前提下，向包括中国在内的地球人伸出援手。

同样，极地的开发利用，也离不开中国。到目前为止，世界上共有30个国家在南极建立了83个冬季和夏季考察站，约20个国家，开展了对北极的长期科学考察。中国虽然在极地考察方面是迟到者，但成绩卓著。特别是进入新世纪，我们又迈出大步，先后建成了"黄河"北极考察站，和"昆仑""泰山"两个南极考察站。尤其是"昆仑"站的建成，意义重大。从科学考察与极地话语权的角度说，南极有"极点""冰点""磁点"和"高点"这四个必争之点，前三个已分别由美国、俄罗斯和法国占据，中国占据的是"高点"。它为我国有计划地在南极内陆开展一系列高、精、尖的前沿性的科学考察和研究，提供了可能。

作为一名在极地考察管理岗位上工作了20多年的老同志，我在为取得的成绩高兴的同时，也一直在思考着这样的一个问题：我们在极地做了大量的工作，但我们的宣传、科普工作都到位了吗？我以为，还是有距离的。具体表现在以下两个方面。

其一，宣传、科普的总量还不够，介绍南极、北极科考的图书作品、影视作品、互联网作品等，整体上不仅规模小，品种也不够齐全，有些还属空白，而且还不够通俗，没有做到让社会公众的喜闻乐见。其二，在这些相关的宣传、科普作品中，知识性的或者纯粹科考性的，占了大多数。而与这些相伴相生的另一种可供宣介的内容，例如"探险精神""科学态度""环境意识""拼搏理念"以及"共赢价值观"等，则反映、表现得不多，当然就更谈不上充分了。

在这里，就这一话题我还想多说几句。随着极地考察的深入，人们逐渐认识到，极地不仅是一部知识的百科全书，同时，它还在"软件"方面，是人类的益友良师。试想一下，假如没有"探险精神"，那就不会有极地的最终发现；没有"科学态度"，也就不会对极地有真正的了解；没有"环境意识"，人类在极地的作为就是不可持续的；没有"拼搏理念"，就不会有中国在极地考察中的快速崛起，而"共赢价值观"，则是人类在极地展开合作的基本前提。上述这些，不仅是极地给予人类的最可宝贵的精神财富，同时，还是当今社会最受崇尚和大力倡导的行为准则。对它们的认同与挖掘，其价值丝毫不亚于对极地的地理发现与科学发现。

从七次队的时候起，我与岳庚同志就认识了。对他我是了解的，因此很快就答应了为这本书写序的要求。在此，我们应当鼓励所有去过极地的考察队员，特别是其中的新闻工作者，都能拿起笔，多多写作出版有关极地的著作。这样聚沙成塔，从而使我们的极地宣传工作与科普工作，尽快地上到一个新的高度。

2015 年 10 月 8 日

（作者系国家海洋局极地办原副主任）

目 录
Contents

01 /

顶层设计

20世纪80年代，中国有一个热词，叫南极。

自从1984/1985年度，中国在西南极以神奇的速度，建成了长城站后，"南极精神"便在一夜之间，红遍了大江南北。那时的中国，刚刚摆脱了"文革"的浩劫。中国人急于向世界证明自己，但既无"神舟"飞天，更没有"嫦娥"奔月。于是，对神秘而遥远的南极的征战，便极大地满足了人们对成功的渴望。国内主流媒体的大规模介入，促成了延烧十余年的南极热。但同时，他们也在很大程度上，成就了自己。

不过，当时有很多细心的读者也发现，在报道南极的媒体行列中，从首次队到六次队，都缺少了一个重要的角色，那便是中国青年报。当时的新闻界，还是纸媒的天下。而中国青年报，以其充沛的激情，骄人的深度，和大胆敢说的风格，始终在大报中独树一帜。她的缺位，一方面，无疑使当时的南极报道，丢失了某种色彩。但同时，也使得中国青年报面临着这样的一道难题：一旦参与，如何后来居上？

正是在这样的背景下，1990年"十一"刚过，报社接到了国家海洋局极地办（原南极办）的通知，同意在我国1990/1991年度第7次南极考察时，我以中国青年报特派记者身份随队采访。接到任务后，我首先要做好的一件事情，就是设计出一个能充分展示后发优势的报道方案。

我从研究基本材料入手。

没想到，刚一接触七次队的情况介绍，我就傻眼了："没得写！"当时所以会得出这个结论，是因为我国的南极考察，前六次的任务，都是以工程考察为主，也就是建站为主。当时在读者的印象中，南极报道就是报道建站，伟大的"南极精神"，就是在建站中孕育的。而我跟随的七次队的任务定位，却是"实现从工程考察向科研考察的转变"，也就是说，没什么大的工程了，建站中的凶险、刺激、奋斗、拼搏，也就跟着蒸发了。至于剩下的科学考察，由于其曲高和寡，报道也难有大的作为。如果是这样，不要说让我超越前人，就是想"见贤思齐"，怕也是力不从心了。

我还对此前的报道进行了分析。发现它们具有两个明显特点：第一，与南极直接相关；第二，与事件直接相关。这样操作的好处是，报道指向集中。它的不足也很明显，不够充分。但不管怎样，这种报道样式，不仅相对简单易行，符合多年来国内新闻报道的定式，而且读者多已习惯和接受，超越起来，难度会大。

一天下午，我正在部门与同事交流此事。报社当时的分管副总编辑张飙来找我。他询问了有关情况，我也讲了我的困惑。老飙（我们都这样称呼张飙）带着他惯有的微笑，说道："我看你的思路，不能老是在别人画的圈子里转悠。你必须跳出来想问题。"他停顿了一下，看着我的反应，接着说道："我听说，他们不是不见南极不报道，没有事件不报道吗，那你索性，来个天天见报。你只有先在目标设计上高过别人，其他的问题才会好办。"

准确地说，当我听到"天天见报"这四个字的时候，我的眼前真的一亮。我觉得我经过了几天的黑暗，看到了光明。也许是怕我还不够坚定，老飙又补充了一句他后来颇感得意的话。他说："岳庚，你就是某天只发'风平浪静'四个字，我也给你见报！"当然，他临出门的时候，还补了一句："该说的，我都说了。剩下，是您自己的事儿了！"

老飙走了。我又陷入了思索。但与前几天不同。我觉得我现在，是在从后往前想，从高往下想。那个天天见报，在倒逼着我想问题，强迫我把将要进行的报道，看成一个空白，然后看，已有的报道路数，能够填满多少；还剩多少，必须进行创造性的发挥。同时，我还反复地琢磨老飙的那句话，"你就是某天只发'风平浪静'四个字，我也给你见报！""风平浪静"为什么能见报？那是因为，南极的常态应当是巨浪滔天，所以"风平浪静"才成了新闻。为什么南极会"巨浪滔天"？因为她是南极，她明显地异于地球的其他地方！这种"异于"，恰恰说明了南极的特殊性。而这种特殊性，反映在报道她的有关新闻的价值上，就构成了重要性、接近性、显著性和趣味性。可见，实现天天见报的目标，离不开对新闻价值的挖掘。问题是，我如何才能用好用足这些新闻价值的要素呢……我觉得我的思路被彻底打开了，有那种飞流直下的感觉。

此时，对我来说，选择创新，已是别无选择。我不仅要创新，而且必须首先在观念上创新。不创新，就做不到天天见报；不创新，就不能超越前人。天天见报，这对平面媒体而言，已是发稿频率的极限，它解决了我的最终报道形式上的问题。接下来，必须要有报道内容的创新加以支撑。而这，显然又分成了两个部分。

一是航渡期间的发稿。第七次南极考察全程130天，其中80天都在海上。对于航渡，我的"前辈"们面对喧嚣的大海，大都选择了沉默。所以，这里必须创新的观念是，因为这条船是南极考察船，是当时舆论的热点，甚至焦点，因此在船上的所见、所闻、所感，就都具有了新闻的一般价值，都具有了新闻的重要性与接近性，都会得到读者的关注。

比如说，我们所乘坐的"极地"号船，在经过舟山群岛时，我写

武衡（戴鸭舌帽者）曾任中国南极考察委员会唯一的一任主任，是中国极地考察事业的开拓者与领导者。这是他在青岛港为七次队送行。

到舟山渔场过度捕捞的问题；在船过东沙群岛时，我向读者披露了这里驻有台湾海军陆战队一个加强营的具体情况；在经过南沙群岛时，我借助一位参加过西沙海战的队员的叙述，发出了中国应早建航母的呼吁；船过爪哇海，我讲述了"二战"时，一支盟军舰队为了抵挡疯狂的日军，而全军覆没的故事……

新闻价值是选择和衡量新闻事实的客观标准。我相信，只要南极事务对受众有足够的号召力，在它的张力下，凡是读者可能感兴趣的话题，都可以被我信手拈来。况且，谁又能说这些，与中国的南极考察事业，没有一定的内在联系呢？事实上，这些看似可有可无的报道内容，在我此行中，恰恰起到了意料之外的良好传播效果。

二是到了南极，必须创新的观念是，过去的报道大多是以事带人，突出事件的新闻性、重要性，而人只是辅助。这不错，但不够。在我看来，在南极的人，本身就是新闻人物，其显著性，甚至包括一定的趣味性，都使其足以构成新闻的主体。于是在我的笔下，有事件的时候写事件，没有的时候就写人。写人的时候，有时是以事带人，有时是以人带事。而且我写的人不仅有他在南极的表现，还包括了他在国内的家人；不仅有中国人，还有外国人。我曾经做了一项统计，我此行共发稿90多篇，其中涉及的人物计21位，足见人物报道的不可或缺。

总之我的第一次南极之行，没有辜负老飙，更没有辜负读者。我不仅做到了可见报日的逐日发稿，而且稿件内容鲜活、充实，整个报道色彩斑斓，为此后的极地报道，树立了新的样板。

今天想来，当时所以能不虚此行，根本原因，在于有了一个很好的"顶层设计"——尽管当时还没有这个工程学术语。当我拘泥于较低层面的具体问题而不能自拔时，是老飙在问题的最高层面上破题，从而使我对一系列价值要素的重新组合，对各种创新的追求，尤其是对前人的超越，成为可能。除此之外，还有一点值得回味。一般说来，是内容决定形式。然而，在某种特定的时空，形式，同样也可以决定内容。而实际上，当问题抬升到一定层面以后，内容和形式，还能截然分开吗？老飙的精彩，是设计的精彩，也是哲学的精彩。

我还要借此指出的是，就媒体而言，如果是采编分开，那么编辑，才是这家媒体的灵魂；如果采编合一，那么编辑状态，才是主导。中国青年报之所以能在很长的时期内，独步一时，就是因为，她有一批大师级的编辑。他们目光如炬，又甘为人梯。我始终认为，编辑文化，才是中国青年报最大的无形资产，才是她永葆青春的真正秘诀。

我真想在中国青年报，再当一回记者。

02 /

条条大路

自从建站之后，中国人每年都要去南极。南极，位于南半球的最南端；中国，位于北半球的东部。于是，路线怎么走，多少就成了一个学问。中国的考察站，分别建在了南极的西、东两个方向。因此去南极的路，大致说来，可分成西线和东线。路线不同，任务不一，沿途的风土人情各异，因此，就会有不同的收获和感悟。

七次队我首赴南极，走的是东线，目的地是位于东南极普里兹湾的中山站。走东线，就有一个突出的特点：需要乘船。由于乘船，就有了我开展报道的空间。所以首赴南极，我更多的体会，都与报道相关。由于乘船，那些难忘的经历，也就都与行船有关。

先说报道。

当时对我来说，起航后最初几天的报道，最为关键。我必须让我的读者，对在中国青年报上新辟的"极地专电"栏目，尽快产生浓厚兴趣。而达到这一目的最好的办法，就是报道热点。同时，我还必须注意相关性，就是报道的由头或者评论，最好来源于"极地"号船或者船上的人。这样出来的报道，才更具权威性。从结果来看，我的做法是成功的。

1990年12月4日的报道，是出航后的第一篇，我把报道的重点，放在了舟山渔场。**本报极地号船12月4日电**(特派记者张岳庚)"随着海水颜色的逐渐变蓝，'极地'号船已从黄海驶入东海，并在黄昏时

第七次队"极地"号南下过赤道时，在船上举行了拔河比赛。

分穿越我国最大渔场舟山渔场，明早即可到达台湾海峡北端。

船过长江口后，两侧经常遇着大型渔船。舟山渔场也是世界著名渔场之一。据青岛大学海洋系副主任侍茂崇介绍，该渔场主要盛产大黄鱼、小黄鱼和带鱼，由于长期过度捕捞，目前大黄鱼只剩少量，小黄鱼已经绝迹。目前正是捕捞带鱼的旺季，但带鱼的体长已经变小，以致当地人形容说：'过去像大刀，现在像腰带。'渔政部门虽然采取了多种措施，但由于渔船偏多，依然构成了对渔业资源不同程度的破坏……"

中国青年报的新闻传统，就是干预生活。我所以选择舟山渔场的问题，是因为环境资源类的报道，当时在国内刚露端倪。这样报道，能引起读者的普遍关注。

接下来，船要经过台湾海峡。按照前面讲的报道思路，两岸问题是我回避不了的。但这个问题，政策性又很强。因此我选择了轻处理的方式。**本报极地号船 12 月 5 日电**(特派记者张岳庚)"今日凌晨 5 时，'极地'号船从台湾省辖的东引岛以东 15 海里处进入台湾海峡，24 小时后将驶入南海水域，开始向正南航行。

尽管昼间能见度一直不好，但从清晨起，就不断有队员来到左前甲板，向东长时间遥望。据船长魏文良回忆，1978 年年底，他曾乘'向阳红 9 号'科学考察船通过台湾海峡。为安全起见，当时夜间航行，且实行严格的灯火管制。两岸关系紧张时，大陆往来的大型船只，均绕道台湾以东。随着两岸关系的缓和，台湾海峡现已成为我国南北海路的主要通道……"

南海共有四个群岛。其中西沙群岛、中沙群岛和南沙群岛的情况，当时媒体均有介绍，唯独东沙群岛，是个空白。出发前，我在收集资料过程中，发现了有关东沙群岛的重要信息，于是便在报道中做了独家披露。**本报极地号船 12 月 6 日电**(特派记者张岳庚)"……东沙群岛是我国南海诸岛中最美的一群，其中东沙岛是唯一露出水面的岛屿，总面积1.8平方公里。目前该岛驻有台湾国民党海军陆战队的一个加强营，空军的一支分遣队。岛上筑有供运输机起降的飞机跑道，台湾来的C－130运输机定期在这里起降。来自高雄港的舰船也为该岛提供各种运输。1964年守军在该岛成立了'东沙守备区'，在岛上修筑了工事和各种工程设施，并将周围六海里划为'警戒区'，渔船不得入内。同时岛上西侧又设有渔民服务站，服务内容包括避风、食宿、机具修理、伤病医疗、气象播报等。

　　由于东沙群岛位于南海北部的中间位置，紧扼台湾海峡，东控巴士海峡，西监南海航道，军事地位非常重要。"

　　南海问题，必须涉及。但航母问题，当时国内的公开报道，还鲜有触碰。但我认为，中国拥有航母，只在时间早晚。"极地"号途经南沙，是一个绝好的报道机会，我决心一试。**本报极地号船12月7日电**（特派记者张岳庚）"……南海海面今日能见度极好，蔚蓝色晴空在深蓝色海水的映衬下，显得苍白。极目四望，呈弧形的水天线清晰可见，'极地'号船犹如在一只古老的巨大盾牌上轻轻划过。在船右舷190海里处，是我国南沙群岛北端的礼乐滩。连日来，队员们一直对我南沙群岛主权遭到践踏一事发表各种看法。目前在南沙的230余个岛、礁、滩中，我仅进驻六个（不包括台湾控制的太平岛），其余均被周边国家分割殆尽，并且每年掠走大约一亿吨以上的石油。来自中国极地研究所的队员汤妙昌不无感叹地说，他原来在海军服役，亲身参加了西沙群岛保卫战。他认为，中国要在南沙群岛站稳脚跟，除了要有一支强大的海军外，还应当有航空母舰。"

　　中国青年报，不愧为当时的舆论先锋。我发回的稿件，一字没动地见报了。令我没想到的是，回国后，在报社转给我的读者来信中，还有两笔因为这一报道寄来的捐款。我很快转给了有关方面。说不定，在"辽宁"号上，就有某个螺丝，来自这份爱国之情。

　　再说其他。

► 这是飞越德雷克海峡时，我们乘坐的"C-130"大型运输机。

即使有了前六次考察，对我国的南极考察事业来说，也还仅仅是开始，积累非常重要。因此"极地"号的每一次出航，都尽可能在经济的前提下，选择不同的航线。具体到七次队，走的是青岛—台湾海峡—民都洛岛海峡—苏禄海—苏拉威西海—望加锡海峡—龙目海峡—弗里曼特尔—大洋调查—普里兹湾。于是就带出了一个问题：防海盗。

"冷战"结束后，菲律宾国内的大量游击队，由于既没了经济来源，又不肯放下武器，干脆干起了海盗的营生，而且装备精良。精良到什么程度呢？用船上老政委的话说，就是"速度极快的冲锋舟"加上"火力很猛的微型冲锋枪"。所以我们在船上不仅进行了防海盗演习，在进入苏禄海后，还进行了防海盗部署。我和另外三人就被分在了一组，负责夜间四小时的防海盗。但发给我们的武器，是每人一把船用板斧。

事后，我去找政委理论，强调这样实力悬殊太大，要求发枪。于是政委跟我大讲起对付海盗的游击战术。讲着讲着，他也乐了，因为他发觉，我并不是认真的。但海盗可是认真的。返航时，我们再经南海。前面的一条台湾籍商船，就用甚高频电话呼叫我船，告诉我们，他们前面的一条船，就刚刚遭到了海盗的洗劫。当时正是夜间。听到这个消息时，我倒吸了一口凉气。

过赤道要搞个仪式，这是包括我国在内的很多国家航海的习俗。五次队时，"极地"号的做法是，由队员披着床单、戴着面具，扮鬼祈福。后来的"雪龙"号，则是在甲板举行拔河比赛。做法是，先划出三条标线，中间的代表赤道，北边的代表北半球，南边的则代表南半球，然后开拔。一般说来，南队往往获胜。七次队也举行了拔河比赛，并在接近赤道的时候，全体人员在甲板肃立。随着一声汽笛长鸣，由领队高声宣布，我船于 1990 年 12 月 10 日 9 时 16 分，在东经 119 度 15 分穿越赤道。顿时，锣鼓声和欢呼声响成一片。队员还点燃了两挂震天响的鞭炮。然后按照惯例，由领队和船长给每个人颁发了"穿越赤道纪念卡"。对每一个第一次过赤道的人来说，这些，都是难忘的。

十四次队时，我是二赴南极。由于单位工作原因，为了节省时间，我与另外三名队友，走的是西线，采取了乘飞机的方式。具体航线是北京—安克雷奇—纽约—利马—圣地亚哥—彭塔阿雷纳斯—乔治王岛（长城站）。在我们出发之前的一个月，我国第三代南极科学考察船"雪龙"号，已载着十四次队的绝大部分队员，从上海出航，斜插太平洋，直奔长城站。我们是在那里与船会合。一路飞行，中间略有停顿。所见所闻，也是感慨良多。

飞机在安克雷奇经停五个小时，而且是在夜间。虽然很不舒服，但我却觉得很有意义。阿拉斯加北临北冰洋，是北极的重要组成部分。在专业人士看来，南北极不仅是地球的两端，而且还存在着诸多学科上的对应性。能经过北极，再前往南极，会让人有种奇妙的感觉。就好比去某地出差，途中竟遇到了一位多年不见的朋友。这时你就会感叹："这世界，原来真小！"

在纽约这个世界第一都市，我曾试图找到一些有关南极的痕迹，但令我很是失望。倒是接待我们的来自台湾的兄妹二人，给我留下了深刻印象。特别是那个小妹妹，负责陪同我们参观。当时她正面临着考试，于是我们在里面逛，她就捧着书在门口读。她不仅从无怨言，而且处处表现出知书达理。我以为，台湾年轻人身上表现出的那种集体书卷气，折射的是中华传统文化的真正底蕴。一次聊天，我问她对大陆的南极考察怎么看。她只是说了句："大陆人在南极，就是中国人在南极。"

在智利首都圣地亚哥，有一处免费参观的公园，叫圣母山。在山上的时候，我曾碰到了十几个中学生，有男有女。智利是西语国家，我在中学的时候，学的就是西班牙语，于是我试着用西语和英语与他们沟通。当他们听说我来自中国的时候，并没有表现出多大兴趣。这时，我看到在一堵矮墙上，有格瓦拉的喷涂像。我知道，他至今仍然是拉美人心目中的英雄。于是，我一边说着"格瓦拉"，一边伸出了大拇指。没想到，这一下就拉近了我们之间的距离。他们明显地热情起来，还主动问我下一步去哪里。当我告诉他们，我要去南极的时候，这些孩子简直乐疯了，开始一个劲儿地向我伸大拇指。这说明，智利，不愧为一个极地国家。此后的行程，更证明了这一点。

我们到了彭塔阿雷纳斯。它很小，是智利最南端的城市，没什么可转的。最不好的，是它的餐饮业落后，我们常常为吃上一顿可口的饭菜犯愁。一次，我们终于找到了一家写有中文的餐馆，饱餐了一顿，结果，四个人全都跑肚子了。就这样，我们也只有继续忍耐。不为别的，只因在等飞往南极的飞机。因为飞机要飞经著名的德雷克海峡，那里的气候常年不好，因此要等到一个好的天气，并非易事。

终于，四天后的早晨，我们被叫醒，六点多钟就赶到了机场。停机坪上，停着一架美国产的C-130大型运输机。我知道，我们将要乘坐的，就是这个大家伙。穿着军服的机组人员上上下下，正在做着起飞前的准备工作。两个穿着迷彩服的人，负责办理登机手续。这时，他们要求我们填写一份表格，严格地说，是一份协议书。内容是要求乘机者认可，你是自愿乘坐智利空军的飞机，如发生不测，智利空军对你的生命和财产安全不负有任何责任。

没有保险也就算了，还要签这样一份近乎霸王条款的协议，这在当时世界任何一处的民航系统，都不可能出现。但我们面对的是军队，要去的是南极，我们必须签字，因为别无选择。但刚一登机，又被请了下来。我们被告知，飞机发现了故障，需要排除。于是我们又返回候机室等待。一个小时过后，我们总算正式登机。除了我们，搭乘这架飞机的，还有不少大人和孩子。飞机的中间位置，堆满了运往南极的各类物资，所有人员，都坐在两侧，背靠着一张大网，没有安全带。9时38分，随着一阵轰鸣声，飞机起飞，向南飞去。

透过舷窗，我看到陆地越变越窄，然后是连续的礁石，再后是断续的礁石。再飞，机翼下就是波涛汹涌的南大洋了。C-130毕竟是一架军用运输飞机，它在设计上考虑的是载重，而不是舒适。震耳欲聋的发动机声，机身连续而有节奏的颤动，随时在考验着每个人的神经。经过2小时20分钟的飞行，我们跨越了变幻莫测的海峡，顺利降落在乔治王岛。飞机刚一停稳，机舱内就响起了热烈掌声。

我知道，对机上的所有人来说，都是闯过了一关。

03 /

集体晕船

　　走过远海的人都知道，当你航行在碧波万顷的大洋时，每个人都会神清气爽、心旷神怡。但这有一个前提，就是你不晕船。否则，那就完全是"苦海无边，回头是岸"了。坐船去南极，就是这样。

　　七次队，我们乘坐的是"极地"号船。12月2日离港，两天后我就开始了晕船。最初的时候，是在不知不觉中，头开始变大、发沉。很快，就开始恶心，一股淡淡的酸水不停地上涌，直到咽部。这个时候，只要老老实实地躺着，晕船能很快控制住。但开始没经验，不服气，偏不愿躺下。为了克服晕船，我和室友还专门请教过船员。他们说，到船头去会好很多。到了船头，席地而坐，海风一吹，还真的管事。可过了一会儿，就不灵了。回到房间，反倒觉得比船头还好。我们就想，船员的办法，一定是以毒攻毒。为了转移注意力，我们就开始玩牌。先打两人桥牌，再算"加减乘除24"。玩着玩着，我忽然头顶一阵剧烈胀痛，便只能上床躺着了。几次下来，就懒着再玩了。我的这种经历，当时在船上很有代表性。

　　所谓晕船，按照"互动百科"的解释，就是指乘船时，人体内耳前庭平衡感受器受到过度运动刺激，前庭器官产生过量生物电，影响神经中枢而出现的出冷汗、恶心、呕吐、头晕等症状群。晕船的一个直接后果，就是吃不下东西，看见饭就饱。晕船开始后，连着两三天，包括我在内的很多队员，都没正经吃饭。但这个时候，遇到可口的，还能吃。一次，我居然吃了两包方便面。还有一次，就着榨菜吃了半个馒头。方便面和榨菜，都是家人坚持让我带的。这时就后悔，没带更多。但吃过之后，也后悔。因为胃里的东西，很快就折腾到咽部，不上不下地待着。接着，又多了一个毛病，全身出虚汗。而且晕船，开始影响我的工作了。由于不能低头写东西，写稿变成了一件难事。一天，我趁着不是很晕的时候，先打个草稿，然后再口授给新闻班的老班长王明洲，由他帮我成稿。

很快到了12月6日，此时船已到了南海。受冬季风的影响，南海每到这个季节，都是风浪较大，当时就有3.5米浪高，船的横摇平均17度。一天晚上，我到报房发稿，因别人发报我等了20分钟。此时船忽然转向，摇摆更烈，我差点就吐到报房。因多日不正常吃饭，全身无力，站着的时候，我竟然两腿打战。待念完稿件，已觉全身潮湿。而此时，全队的情况如何呢？据船上医生的统计，已有六人严重晕船，那就是吃什么吐什么了。而像我这样的轻度不适者，已达半数以上。为此，船上第一次开启了减摇装置。该装置由一些U型舱组成，里面装有350吨淡水。当船体向一侧倾斜超过5度时，该装置会自动通过高压空气，将水注入另一侧，减摇程度可达三成至五成。

这期间，有两个小插曲，让我记忆犹新。

一是晕船的时候，大家碰到一起，很少说别的，聊的多与晕船有关。一天，我们几个晕船的队友，在一起交流"避晕"体会。大家越说，晕船的感觉越像；越聊，彼此的认同度就越高。这时，有位队友有事，转身离开。他一边走，一边嘟囔："我看呀，这世界上，只有晕船的，才是真正的知音！"

还有一次，我们几位轻度晕船者，觉得自己很幸运，于是就想到应该去走访安慰一下重晕者，顺便也给他们打打气。后来真的去了。可能是由于晕船，把大家都搞糊涂了，一开始安慰，就出了纰漏。一位队友上来就侃侃而谈："我说哥儿们，没什么可怕的。再忍忍，也就

为了战胜晕船，队员们来到了"极地"号船的底层活动室，齐声高唱。这是在歌唱的间隙，媒体记者在采访。

还有一个多月……"他本来想接着说"晕船就过去了"。然而他刚一说到这里，所有人就都听出了毛病。天呢，这一个多月，哪里是说过去就过去的。但所有人，都知道他的本意，全都大笑起来。

七次队第二次的大面积晕船，发生在从西澳上岸休整后的刚一出海，船只突遇4～5级西南风，涌浪高达7米。船上一下子就安静下来。我勉强支撑着去巡视了一圈，发现十有七八，都躺在了床上。只有极个别的队员，还在舱内走动。

我的反应也开始强烈起来。头上像压了块大石头，根本抬不起来，同时还戴上了紧箍咒，而且越勒越紧。胸腔内翻江倒海，大吐了几回。刚吐完的几十分钟，的确轻松。但很快，又是面色煞白，浑身无力。我只能躺在床上，一身身地出着虚汗，大口大口地喘着粗气。

但此时，面对这越来越严重的晕船，队员们并没有束手待毙。我有一种感觉，这时只要有人带头，一定是一呼百应。于是我拿出了口琴。优雅的琴声，开始飘向一个个舱室。我吹了《多瑙河之波》《山楂树》《敖包相会》等。果然，不一会儿，队友们一个个来到了我所在的房间。还有两个晕得厉害的，也爬了过来。最后人多，房间装不下了，大家就一致决定，下到最底层的活动室。后来，有两位队友又拿出两把口琴，宣越健还拿出了他的小号。五六十人挤在一起，在我们的伴奏下，高声齐唱起来。先唱有劲儿的，包括《中国人民解放军军歌》《志愿军战歌》《满江红》《妹妹你大胆地往前走》等。再唱抒情的，包括《再见吧，妈妈》《我的祖国》《草原之夜》《松花江上》等。很快，来自中国香港的阿乐、来自中国台湾的记者阿宏和来自澳大利亚的记者王恩喜也来了，他们还做了现场采访。两个小时，唱了几十首，气氛一次次达到高潮。这场完全随机自发组织的音乐会，使全船上下的精神，为之一振。大家还约定，过西风带时，天天如此。

但我们显然过于乐观了。第二天，再提唱歌的事儿，大家都已经是有心无力。实际上，唱歌不仅需要心情，也还是要力气的。队员们又进入了第一天的状态，有的甚至更糟。常言道"小船怕浪，大船怕涌"。到了西风带，水深都在几千米，让你晕船的都是涌。"忽——"地一下，船向左一摇，你就觉得胃里的东西在往上走，快到喉咙了，你刚要吐，"忽——"地一下，船又往右一摆，那些东西顺势又回流胃里。我把这种状态，称为"人船一体"。就是这不停的一上一下，把人折腾得终日昏昏沉沉，恶心难耐，筋疲力尽。这时，不要说吃饭，就是有人跟你提吃饭的事儿，你都想骂他。

在这种状态下，我最头疼的事情，就是发稿。我要爬到船的最高层（因为发报室设在这一层，这是为沉船准备的），然后我要一字一句地念稿。所以每到这个时候，我都会端着饭碗去发稿，怕的是吐到机器上。有一天，实在晕得不成了，再次麻烦了老班长，由我口授，由他帮我成稿，又帮我发出的。

为了对付晕船，大家想了很多办法，包括按时吃药、更多休息、转移注意力、调整心态、适度运动等。但这一切都要因人而异，每个人必须针对自己的主要问题，对症下药。比如我自己，比较晕船的其他症状，我更怕呕吐。有人一晕，就用手抠，吐完了事。而我不行。吐了之后，肠胃难受至极。为了不吐，我就玩命地狠掐相关穴位，包括合谷、劳宫、曲池、风池、足三里等，尤其是内关、外关两穴。这样很多可吐可不吐的，就都避免了，可说是屡试不爽。至于那些非吐不可的，当然还是管不住。

后来，船上的"极地之声"小报，曾编排了此次航渡的"七次队最晕阵容"。我将它收入书中，以资纪念：

"根据王继明、桑新亭两位随队医生的推荐，应读者要求，本编辑部排出了此次航行的'极地'船'最晕阵容'，现予刊出，以飨读者。

1. 赵协中：见船就晕，长醉不醒；

2. 刘春节：伸展侧卧，待字闺中；

3. 张宝海：不忘供给，苦乐交融；

4. 张岳庚：队友不助，发稿难成；

5. 刘宝明：金箍固脑，成饭在胸；

6. 钟文斌：席地而坐，一动不动；

7. 朱增新：梦里看花，仍嫉球星；

8. 周鸿飞：善打地铺，深得'药'领；

9. 胡胜利：先交公粮，再报阴晴；

10. 高建翼：不辨南北，却知轻重。

注：张宝海负责七次队后勤工作；刘宝明系餐厅大厨；胡胜利是气象班预报员；高建翼乃本船机要员。"

这里我必须强调，这个排名有一定的随机性。比如我的晕船，虽也比较厉害，但像我这样的，有一堆。就算能进前十名，但绝到不了第四。当时排出此名，很大程度上是为了在艰难的航行中，以博取大家的一乐。有些人晕得厉害，但还不好意思上榜呢，像赵协中。但他是"实至名归"。从过西风带开始，他九天九夜晕船不止，茶饭未进，全靠输液维持营养平衡，体重减少了四公斤。当然，他这样的，也是个案。那么，到底什么样的人，更容易晕船？晕船当中，心理因素又到底占了多大比重呢？

据曾经四下南极，三次担任过考察队副队长和队长的高振生先生的观察，平衡器官灵敏的人，更易晕船。对此我甚表同意。至于第二个问题，我至今没看到一份有关的量化标准，但有一个事实，也许能说明一定的问题。那就是在七次队的返航途中，再过西风带的时候，由于遭遇气旋，浪高达到20米，"极地"号船与狂风恶浪搏斗了48个小时。按说如此颠簸，船上该晕倒一片才对。可当我事后采访船医王继明时，他明确告诉我，全船上下，只有一人轻度晕船！

坐船，不再是享受。晕船，开始一点点在升华。在坚强乐观的中国南极考察队员们的面前，晕船这一现象，居然被逐渐抬升到了南极亚文化的层面。比如，在船上不说呕吐，说的是"交公粮"。再比如，在船上不说"不晕船了"，而是说"活过来了"。由于晕的人数太多，各种感受太过丰富，终于在不知什么时候，早期的考察队员针对晕船的各种症状，编成了一个段子，而且广为流传，叫作："一蹶不振，二目无神，三餐不进，四肢无力，五脏翻腾，六神无主，七上八下，九（久）卧不起，十分难熬。"

实际上，几乎每一次队都要坐船。只要坐船，就会出现一次集体性的晕船。只要大海还在咆哮，只要对晕船的预防和治疗，没有突破性的进展，晕船，就将继续是南极考察队员们的宿命。

04 /

南端星座

　　"极地"号船经过一夜龙目海峡的航行，在1990年12月12日凌晨，驶入了浩瀚的印度洋。印度洋是世界第三大洋，位于亚洲、大洋洲、非洲和南极洲之间。在600年前的明初，印度洋曾承载了中国人从海洋走向世界的梦想。如今，它又成为从中国直达东南极的必经之路。

　　是日，风和日丽。白云，从头顶向四下扩散开去，消失在水天线。阳光，给每一朵起伏的蓝色浪花，都镶嵌上了白色宝石。这是出航以来，难得的好天气。到了晚间，能见度更好，只在遥远的天边，有一抹低低的黛色云翳。

　　在我的概念里，就是到了南海的最南端，那也是在中国。而一旦穿越了印度尼西亚群岛，进入了印度洋，那就真的是踏上去国之路了。出航已经整整十天，不知道体弱的母亲，和刚刚出生百多天的女儿，怎么样了？于是，我爬上了船的最顶层，在沐浴凉爽洋风的同时，我下意识地回望北天，寻找起北斗七星。

　　很快，在遥远的天际，我看到了那个我熟悉的柄勺形状了。从很小的时候，我就知道北斗由七颗星组成。那是父亲教给我的。他说，他们过去行军打仗，在夜间辨识方向，靠的就是北斗。后来我专门学习了有关知识，才知道在古代中国，天文学家分别把这七颗星称作"天枢""天璇""天玑""天权""玉衡""开阳"和"摇光"。

古代人民，还把这七颗星联系起来，想象成为古代舀酒的斗形，"天枢""天璇""天玑""天权"组成斗身，"玉衡""开阳"和"摇光"组成斗柄。

表面上看，这七颗星是在一个平面，可实际上，它们距离地球的远近各不相同，分别在 60 ～ 200 光年之间。它们各自运行的方向也不尽相同，"摇光"和"天枢"朝一个方向，其他的五颗基本朝另一个方向。根据它们运行的速度和方向，天文学家已经算出，10 万年以后，我们可能就看不到这种柄勺图案了。

北斗七星位于"大熊"的尾巴，原来是大熊座的一部分。这七颗恒星中有六颗是二等星，一颗是三等星。从斗口一侧的两颗星连线，向斗口外延伸出一条直线，大约有五倍远的地方，就可见到一颗和北斗七星差不多亮的星星，这就是北极星。此时，我看到了它。它似乎在冲我眨眼。我知道，它的下方，几乎就是正北，就是我家乡的所在。

北极星也是恒星，距地球约434光年，在夜空中的亮度和位置相对稳定。古人对北极星非常尊崇，认为它既固定不动，又众星围绕，是帝王的象征。由于北极星处在最靠近正北的位置，数千年来，北半球的人们就是靠它的星光来辨识方向。后来上小学，又听老师讲，长征的时候，有的红军战士掉队，迷失方向后，就是凭着北斗七星的指引，一路向北，最后追上队伍，到达了延安。北斗七星，在我们这一代人的心中，已经被赋予了神圣的意义。

不知什么时候，副队长刘小汉来到了我的身边。他是位留法的地质学博士，回国后参加了多次青藏高原的地质调查。他博学而儒雅的风度，从来是考察队的一道风景。我早就听说，常年的野外作业，使他对星座多有了解，便向他请教。

"看，这是猎户座！"我抬头仰望，顺着他手指的方向，找到了威武的猎户座。它是赤道带星座之一，位于双子座等一系列星座之间，其北部沉浸在银河之中，星座主体由四颗亮星组成了一个大的四

作者无法在书中呈现南十字星座，但我带回了南极的月亮，它和其他大陆的一样圆。

边形。由于它的最佳观测月份为1月，现在只差十几天，因此欣赏起来并不费力。猎户座有"星座之王"的美誉，很多观星爱好者，第一个认出的星座就是猎户座。

"再看，这是金牛座！"我调整了一下角度，又找到了这个很有些动感的金牛座……最后，他开始不停地向南远眺，时间过了好一会儿。从他的姿势上看，与其说他是在看，不如说他是在找。"汉兄，找什么呢？""我在找，南十字星座。""什么？"他又重复了一遍。这是我第一次听到这个星座的名称。"这个星座很重要吗？"我问。"它相当于，南半球的北斗七星！"

刘小汉的话，让我吃了一惊，并使我迅速产生了一系列的联想。竟如此之巧，北半球有北斗七星，南半球就有南十字星座！"老天爷如此眷顾人类吗？"这激起了我强烈的求知欲望。于是我也开始跟着寻找，恨不能马上一睹芳容。但遗憾的是，由于南边的天际云重，我没能如愿。第二天晚间，我们相约，再次一起翘望南天。由于正南的方向云雾较重，我们只有先行等待。转眼间，一个多小时过去了，南十字星座还是不肯露面，我们只得放弃。临别，小汉说了句："也许下半夜可以看到！"

他说者无意，但我听者有心。次日凌晨的3点半钟，我爬了起来。登高一看，整个苍穹，繁星似锦，星汉灿烂。我按照小汉所说的方向，往南眺望，终于在水天线的上方，找到了那个已令我魂飞神往的南十字星座。

它由四颗大的亮星和一颗小的亮星组成。如果在这四颗大的亮星之间，用直线连接，就真的是一个挂在天边的十字架。此时，它悬在幽暗的夜空，虽不是最为耀眼，但看上去却楚楚动人。它属南天星座之一，是全天88个星座中最小的星座，位于半人马座与苍蝇座之间的银河。星座中主要的亮星是"十字架一""十字架二""十字架三"和"十字架四"。从这个"十"字中的一竖，一直向下延伸划下去，直到四倍于这一竖的长度的那一点，就是南天极。这根延长线与地平线的相交点，几乎就是正南方。因为南天极附近没有亮星，所以"十字架一"及"十字架二"就被用来指引方向。现在，北半球大部分地区，已看不到此星座。能观测全星座的纬度范围，是从北纬25度到南纬90度。有趣的是，南十字星座受到了南半球人民的崇尚。澳大利亚、巴布亚新几内亚和萨摩亚的国旗上都有南十字星座的图案。而新西兰的国旗上，有省略了一颗星的南十字星座图案。

此时，"极地"号正稳健地航行在暮色之中。站在船顶，我能够感觉到机器的轻微震动，和船体的些微摆动，就好像乘着一架航天器，遨游在无尽的宇际。四下，漆黑一片，但我并不感到孤独。我在仔细端详着南十字星座，欣赏着它的美丽。如果把北斗七星与它作一比较，就会发现：一个舒展，一个端庄；一个奔放，一个矜持。据资料，14世纪，中国航海家郑和七下西洋时，率领着200多艘海船，2.7万多人，远航西太平洋和印度洋，就曾用南十字星座来导航。这是何等感人的一幕：当时世界上最庞大的船队，从它的故乡出发，先依靠北斗七星的指引，一路南下。过了赤道以后，再听凭南十字星座的调度，出印度洋，一路向西。这个伟大的接力，就发生在几百年前，就发生在我刚刚经过的水域。此时此刻，我真的不知道，人类是该感谢自身的聪明才智，还是感恩于上苍的呵护安排！

当然，还有南极。18世纪，伟大的英国人库克船长，先后驾驶"持久"号船和"决心"号船，去寻找南方新大陆。其实他和郑和一样，假使没有指南针，就是靠着北斗七星和南十字星座，也能够一路南行。如果他的运气再好一点，决心更大一点，也许应该能最终发现南极大陆。但那是另一个话题。现在，或者说一个月后，当我和我的队友们，登上南极大陆，就是没有指引方向的工具，也没什么可怕的了，因为我们有了一个最为可靠的朋友。可笑的是，我原来打算，到了南极的第一个晚上，就去看南十字星座。结果，到了南极后，我自己就打消了这个念头。原来，此时正是南极的白昼时段。

实际上，我是两个月后的2月16日，也就是还有10天就撤离中山站的时候，才在晚上，在头顶方向，第一次在南极看到了南十字星座。"真漂亮！"我在当晚的笔记中，记下了我的感受。

1991年2月26日，"极地"号载着七次队全体人员，告别南极大陆，重新回到了大海的怀抱。我在发回国内的电稿中这样写道："虽然曾指引了人类早期南极探险的南十字星座，还在头顶闪烁，但大家已心向北斗。南极洲，你溶解了我们的汗水和泪水，也栖息过我们的心胆。也许还要再过若干年，当我们回首往事的时候，才会发现北斗七星与南十字星座，竟这等遥远，但又天涯咫尺！"

05 /
强者游戏

凡是参加中国南极考察的队员，行前都要过一关：家属签字。七次队也不例外。

当时的各种准备工作很繁杂。一个周末的下午，我把需要签字的信函交给了妻子，并嘱咐她，一定要在看过《南极考察人员管理规定》后，再签。当时，我没把这个《规定》当回事儿，根本没看。半小时过后，我就去拿签字。进屋一看，不像签过的样子。妻子坐在原地，一动没动，低着头，两眼还在死死地盯着《规定》看。我叫了她一声，她还是没动，但令我想不到的是，两颗大大的泪珠，却砸落在《规定》上，来了个"双泪落君前"，然后说了句："让妈签吧！"

我急忙拿过《规定》，开始仔细阅读。当我读到第12条的时候，才知晓了妻子不签字的原因。该条款这样"规定"：极地考察人员因不幸丧亡，按下列办法处理：（1）在南极考察期间丧亡的队员，就地墓葬。（2）航渡和停靠外港期间，以及乘机在途中丧亡者，须在国外火化后将骨灰带回。（3）乘船返回途中丧亡的，可带回国内处理……

七次队出发以后，我采访了很多人。其中有20位，我都问了同样的问题：家属签字顺利吗？由于当时的宣传，对南极考察所面临的危险，较少提及，加之本来就不够了解，一旦直面这些刺激性的字眼，必然缺乏必要的思想准备。结果是，有十二位的家属，开始拒签，但其中多数同我一样，很快还是签了，少数的则要经过软磨硬泡，甚至摊牌，最后签字。有六位，配偶始终拒签，后由父母签字。还有两位，始终无人签字，最后模仿着对方的笔记，自签了。他们怕上级机关发现，还准备了一个说法儿：我们家里的事儿，我做主！

其实所有的签与不签，都是因为爱。南极再严酷，也不同于战争，这就是和平时期的逻辑。但由此，我萌发了一个想法，我很想知道，到底有多少人，为了理想而献身南极？

我尽所能地翻阅史料。斯科特的命运，首先吸引了我。他是英国人，在与挪威人阿蒙森之间所进行的那场撼人心魄的竞争中，他比后者晚三天到达南极点。这是 1912 年 1 月 16 日。斯科特等四人在极点发现了阿蒙森留下的帐篷，和留给他的便条及一封信。这天，狂风怒吼。两天后，他们开始返回。斯科特在日记中写道："我们前面还有漫长的道路，必须靠自己拉着补给品走完。别了，黄金般的梦想！"

然而，厄运还在后头。3 月中旬，暴风雪一直在刮。他们的燃料已经用完，食品所剩无几。这时，他们距营地只有 17 公里，风雪却使他们寸步难行。直到这年的 11 月，南极的夏季来临，一支搜索队，才在营地以南的 17 公里处，发现了一个雪堆。下面，有一个帐篷，里面躺着三具尸体（另一人已在此前去世）。一代英杰，静静地安卧在冰雪之中。

在南极殉道者的行列中，斯科特不是第一个，也不是最后一个。十四次队，在我登上长城站所在的乔治王岛时，在一处凸进海里的巨大山岩上，看到了一座高 10 米的白色十字架，它是为了纪念两位捷克人。由民间资助的捷克站，只有两名探险队员，他们每早都要打出旗语，向邻站报去平安。1989 年的一个雾天，风很大，他们漂出海去，就再也没能回来。1960 年 10 月 10 日下午，在日本昭和站工作的福岛博士，走出食堂去喂狗，突遇 35 米每秒的雪暴的袭击。直到 7 年后，在离站区的 4.2 公里处，才找到他的尸体。由于干燥和寒冷，遗体已成了一具木乃伊。

我无从知道，南极严酷的自然条件，200 年来使多少英魂饮恨冰雪。据统计，40 年来，仅澳大利亚就有 16 人长眠于此。1990 年，一场飓风袭击了阿根廷的马兰比奥站，50多人伤，三人死亡。在我拜访过的俄罗斯青年站，在一块墓地里，安葬着11位飞行英雄。30年来，中国南极考察尤重安全，如临深渊，如履薄冰。但危水险地，仍是险象环生。首次队，大洋调查抗强风；三次队，环球航行遭恶浪；五次队，中山建站遇冰崩；七次队，返航过西风带时被气旋缠绕，闯过的是20米浪高的凶水。然而，南极的艰险，并未阻止各国健儿坚定的步伐。每当南半球夏季来临，他们还会像候鸟一样，奔赴他们心中的圣地。

南极，是强者的舞台。她使弱者变强，使强者更强。一部南极考察史，就是一部强者写就的历史。然而，翻阅这部历史，你会发现，我们对这些人物的了解，还是粗线条的。史笔对他们的记载，也因过于写意而缺少细节。正是在两赴南极的采访中，我发现了他们的更多侧面。

迟世德，七次队队员，来自北海船厂，工程师，身材魁伟，一脸络腮胡子。考察期间，他踊跃报名参加了浮冰卸油，而且不避艰险，异常活跃。在西风带，当"极地"号遭遇强气旋袭击，险遭灭顶之灾的时候，他又不急不恼，异常镇定，看了一夜录像。直到船回青岛，他才告诉了我这其中的秘密。他说，这是因为，他已"心中无事"。而他所说的"无事"，是指就在出发前一天的凌晨，他交给了妻子一封信，信已用一张字条封好。字条上写着："当我到南极回不来那天再开封！"在那封信中，他共写了四项内容，然而交代至深。深到什么程度呢？他含泪写道："万一我回不来，你可以叫儿子姓其他姓，但要他知道，他曾经姓过迟，他爸爸是为了南极而献身。叫他有机会到南极来，我也就瞑目了！"他对我说："人到了南极，不能还带着太多的心事，不然会误事！"

我知道，七次队不是唯一写有遗书的队伍。这份遗书，在七次队也不是仅有。

孙法宽，时任"极地"号船二管轮。女儿出生的时候，患有先天

从左至右依次为七次队副队长国晓港，"极地"号船政委朱德修，中山站站长贾根整，七次队领队张季栋，阿乐，"极地"号船长魏文良。

性心脏病，这对赶上计划生育的家庭来说，是何等令人心碎的事情。孩子终于五岁大了，可以手术了，却又因一些原因，住进医院又出来。这个雪上加霜的家庭，多么需要他的照管，可他连着4年远赴南极。终于在六次队后，他写了报告请求下船，有关部门考虑到他的情况，又批给他们一个生育指标。不料，由于始终未能找到接替他的合适人选，他只能再次披挂出征。七次队出发时，37岁的妻子，已有4个月身孕。爱人事业心强，又带着病重的女儿，现在，他又要一走4个月，他们只好忍痛决定，把孩子做掉。

与迟世德不同，孙法宽说："我的心事太重，想甩也甩不掉。"返航遇气旋时，船的尾部被巨浪追打，孙的舱室进水。他的第一个闪念是"船完了"。这时，他感到了心的剧烈收缩。他说："我当时就觉得，如果自己这样死去，太对不起苦命的女儿，太对不起备尝艰辛的妻子了！"

1999年7月，我参加了中国政府组织的首次北极考察。此行，是我第二次乘坐"雪龙"号船。此前，它已五到南极。每一次远行，它都驮载着无尽的思念。考察队员可以轮换，但驾船的海员们，则还在继续。于是每一次，万里之遥，都有一束束情思相牵。此行途中，一份传真，使30多位船员的心，又一次与家人紧紧拥抱。

传真单位是中国极地研究所，其为"雪龙"号船的上级单位。受所领导委托，所办与所有38名船员的家属，进行了联系，共有31位联系成功。其中机匠顾惠德的"家书"，可"抵万金"。传真写道："妻、儿都好，儿子高考总分417分……上海公布的第二批普通大学最低录取线为412分，约8月中旬发通知。"老顾是在孩子的"大战"前夕，随船出发的，这成了他最大的心事。此外，还有八位船员的孩子涉及升学、考试。其中副政委裴福余的女儿考上了一所理想的中学；报务主任龚洪清当中队长的儿子，又得了双百分。其他人传真的内容，大都是报去平安。其中水手马骏的令人心悦："爱妻和刚满7个月的宝贝儿子，在公婆的悉心照料下，非常健康，请放心。"……但当我读到事

七次队部分队员合影。

务主任叶明明的一段时，却感到了一阵揪心之痛。

1984年，27岁的叶明明随中国首次南极考察队，远征西南极。其间，爱子降生。不料1997年，一场车祸却无情地吞噬了孩子如花的生命。他们夫妻悲痛欲绝。但两个月后，十四次队出发，叶明明挥泪登船。他说："我没有了孩子，不能再没了事业！"当时我们就同行，全程他唯一的牵挂，就是妻子的身体，特别是她的心脏不好。到了北极考察出发时，我们再次成为队友。我曾与他谈到他的此行与他妻子的身体，但他只淡淡地说了四个字："工作需要。"现在，传真就摆在我的面前。嫂夫人给老叶这样写道："爱妻菊妹非常思念你。上星期心脏不太好，又发病了，现已好转！"

寥寥数语，却令我感慨万端。极地考察事业，不仅要求从业人员成为强者，就连他们的家属，也要优于常人！

到目前为止，中国在所有的极地考察中，都保持着最优的安全纪录。我不知道，这是因为中国人的福命，还是因为上天对我们格外地垂顾。我们万万不可躺在这一成绩单上，开始打盹儿。我只乞求，那个曾令考察队员的家属们闻之色变的"第12条款"，永不兑现。

中国的极地考察，已历30载。这期间，对考察人员的管理规定，一定作出了调整；考察队员及其船员，连同他们的亲属，对各种不测的心理准备，也一定更趋成熟；我们对抗风险的能力，也必然更加强大。然而，极地没有变。从根本上说，极地对人类的挑战依旧。或许，我们所能作出的最好应对，就是在内心，对自己的锤炼。

朋友，如果有一天，极地对你发出了邀请，你和你的家人，都做好准备了吗？

06 /

大洋调查

在一般人的意识里，南极，就是那块巨大的冰陆，这显然是不正确的。按照现在使用最为广泛的概念，作为一个区域，南极包括南纬60度以南所有的陆地和海洋，即南极洲和南大洋。很多人，在听到南大洋这一称谓时，会感到茫然，因为在地图上找不到这一名称。然而，它却是一个真实的存在。我在这里所说的大洋调查，指的就是对南大洋的调查。

它是由南极辐合带以南的南印度洋、南大西洋、南太平洋水域组成，总面积为7500万平方公里。而所谓南极辐合带，是指向北流动的南大洋冷水，与从赤道出发向南流动的温暖洋流相会的地方。南大洋是世界上唯一环绕地球，而没有被陆地分割开来的大洋，具有独立的水文特征和丰富的生物资源。它这样一个巨大的水体，与南半球的大气层相互作用，对全球气候，有着举足轻重的影响。对南大洋的调查，从人类踏足南极的那一时期起，就一直没有停止过。后来的中国，对南大洋也是情有独钟。

在我的首赴南极中，曾全程跟踪报道了七次队的南大洋调查。此次调查，是继续开展以磷虾生态为主的多学科海洋综合调查，同时开展中国与加拿大合作的碳循环调查项目。按照预定计划，共设有48个测位，覆盖了东西长1400公里、南北宽400公里，总计约56万平方公里的水域。调查内容为：物理海洋部分，包括海水的温度、盐度、密度、海流和波浪；海洋化学部分，包括海水的溶解氧、pH、氮、磷、氟、硒、碘和碳循环；海洋生物部分则包括浮游植物、浮游动物和叶绿素等。完成全部调查，共需约半个月的时间。这期间，船只大约每行驶4小时，停测一次。

"极地"号船到达第一个定点观测站位的时间，是1990年12月28日的清晨。由于受到南方极地冷高压和北方极地气旋的夹击，海面上全天雨雪交加，雾气缭绕，甲板上寒风凛冽。大洋班的12名队员，穿着棉衣棉裤，戴着皮帽子，投入了紧张的作业。事实上每到南极的夏季来临，各国的南极考察队，都要拿出大量的人力、物力和时间成本，进行南大洋的考察，这到底是为了什么？南大洋的魅力，究竟都有哪些？"这还是要先从南大洋的特殊性说起。"考察队的大洋班班长侍茂崇教授这样对我说。

首先，南大洋是世界上最大的低温水体，它通过海—气—冰之间的热交换，影响着全球的气候变化和水交换。比如，向北扩张的南极表层水，直接影响着南半球的气候；由中纬度来的温度较高的海水向南延伸，到南极表层水之下形成了在垂直结构上的中层暖水；而低温的南极底层水则沿洋底向北推进，越过赤道形成世界各大洋的底层水。这种特殊的关系，决定了南大洋对全球的海洋和大气，有着重大影响。其次，近年来的海洋地球物理研究已经表明，在南极大陆架中，有一部分基本上未变质和未变形的海底沉积，有些厚达3000米以上，而这些海底沉积物，有利于油气的生成和存储。第三，南极辐合带海域，也是锰结核产区之一。锰结核是一种富含铁、锰、铜等多种金属元素的黑色有核球状沉积物，具有极高的经济价值，已成为举世瞩目的第一类"大洋财富"。第四，南大洋存在着大量的生物，包括植物和动物，它们的价值都不可小觑。那么，南大洋调查的内容，与上述问题之间的联系在哪里呢？

"一般说来，大洋调查的科目多属于基础性的研究，需要积累，

◊─► 紧张收网。

刚出水的网具。

才能找出规律性的东西。"侍教授举例说，像海水温度的研究，就有下述意义：一是不同的温度，就决定了海水的不同运动，包括方向与速度；二是不同的温度，就决定了海洋与大气热量交换的多少；三是不同的温度会对应不同的生物；四是不同的温度就会是不同的水体。总之，不管人类将在南大洋实施什么样的宏伟计划，最终都离不开这些基础数据的支撑。

有趣的是，随着人们对海洋，特别是对南大洋认识的深化，在20世纪90年代初，南大洋调查正向两个方向归拢。其中一个，是与磷虾密切相关。由于我将在另一篇中专门谈及，在此不再展开。而另一个方向，就是南大洋与全球气候。具体到这一次的调查，科学家们瞄准的目标，就是"碳循环"。

时年37岁的郑健成曾对我说："说实话，七次队我并不想来。"但他还是来了，因为南大洋调查的碳循环项目需要他。他此行带来的课题是"南极区域的碳循环研究"。在当时，世界上对碳循环的研究，已经成为自然科学最热门的课题之一。原因在于，大气中日益增多的二氧化碳，又为人类增添了一个可怕的概念：温室效应。

在自然界，按照"百度百科"的解释，所谓碳循环，就是大气中的二氧化碳被陆地和海洋中的植物吸收，然后通过生物或地质过程以及人类活动，又以二氧化碳的形式返回到大气中来。据郑介绍，由于地球引力原因，人类因使用矿物燃料等而释放出的大量二氧化碳，被吸收在地球表层的大气层中，像一个巨大的塑料袋一样，将地球紧紧包住。包括太阳光在内的宇宙射线，以短波形式向地球输入能量，地球则以长波形式将其反射回宇宙。但包括二氧化碳等在内的温室气体，恰恰对来自太阳辐射的可见光，具有高度的透过性，而对地球反射出来的长波辐射，则具有高度的吸收性。随着入多出少，地球的温度逐步升高。据当时的测算，按照二氧化碳的增幅，到2050年，地球大气中的含量，将比工业革命前增加一倍。其后果，将是全球的平均温度上升1.5～4.5摄氏度，海平面上升20～110厘米，而两极地区的气温，将上升达6～8摄氏度。由于极区与赤道地区温差减少，大气环流与海洋环流的速度也将减慢，这将对地球人类产生重大而广泛的不利影响。全球变暖的后果，是气候异常，冰川和冻土消融，海平面上升，自然生态系统的平衡被打破，食物供应趋紧，居住环境恶化。

面对生存发展的这一重大挑战，人类终于开始了行动。《联合国气候变化框架公约》被认为是"冷战"结束后最重要的国际公约之一，在其基础上达成的《京都议定书》，于2005年2月16日正式生效。这标志着人类社会真正进入了一个生产与减排同步的阶段。在这个阶段，终于有了一个国际性的法律框架来规范人类的行为，以减少对地球现存的碳循环系统的破坏。在这个阶段，减少碳排放，不仅成为国家的发展目标，也首次成为企业经营的目标。低碳生活，已经成为越来越多的人的主动选择。碳排放，甚至成为一种市场化的交易内容。然而，由于种种原因，相关协议执行的效果并不显著。碳排放问题，气候问题，已经成为国际的政治问题和外交问题。令人心生感慨的是，正当这一问题刚刚开始困扰着人类而又一时无法解脱的时候，海洋这一人类的故乡，却再次伸出了救援之手。

二氧化碳既可由大气进入海水，也可由海水进入大气。目前，人类释放到大气中的二氧化碳的40%～50%，被海洋通过光合作用吸收。这次中国人为了碳循环等专程到南大洋来，就是源于一项假设。营养盐是海水中光合作用的基本条件之一，南大洋的营养盐，高于全球海洋的平均值。然而这一海域的浮游植物，却并未大量繁殖，许多地区，甚至只将营养盐消耗了一半左右。科学家们经过计算，惊喜地发现，假如南大洋的浮游植物能大量繁殖，把全部的营养盐用掉，每年即可额外地把10亿～30亿吨的无机碳转化为有机碳，即通过光合作用把这些二氧化碳吸收，这就意味着削去了人类每年向大气中释放的二氧化碳总量的一半。如果有一天，这个假设成真，我们不仅要向提出并证实了这一假设的科学家们表达敬意，而且还要对作为地球定海神针的南极，心怀感激之情。

正是带着这种非凡的想象力，郑健成以及许多国家的科学家，开始涌向南大洋。尽管他们所能做的，还仅仅是外围性质的研究，不过，这也应当是一个伟大的开始。作为中国与加拿大合作项目的中方课题负责人，郑也参加了上一年度的南大洋调查。由于那些年中，他每年多一半的时间都是在出差，因而妻子的评价是，相对于实验室和会议室，这个家"更像是他的旅馆"。

07 /

磷虾标本

在我书柜的一角，有一个容积不过100毫升的药瓶。瓶子里的液体，是福尔马林。液体中漂浮的，是六只早已死去的磷虾，它们全部来自20多年前，来自万里之外的南大洋。每当我拿起它来端详一番的时候，我的思绪，就会被重新带回到汹涌的大洋，带到一场随时可能发生的危机边缘。

七次队的南大洋调查，两项主要任务之一，就是继续开展以磷虾生态为主的多学科海洋综合调查。那么磷虾，到底在中国的南极考察中，占据着什么样的位置？它又凭借什么，对中国的海洋调查力量具有如此之大的吸引力呢？

时年31岁的博士研究生孙松称自己"幸运"，因为他的博士论文数据的现场收集部分，就将随"极地"号船在七次队的南大洋调查中完成。他是山东莱阳人，就职于中国科学院海洋研究所无脊椎动物研究室的浮游动物课题组。他的导师王荣教授，是当时国内最负盛名的磷虾专家。此时，孙松就坐在我的对面，用他有些浓重的胶东乡音，给我讲述着磷虾的前世今生："要了解磷虾，理解我们为什么对它如此重视，关键是要深刻把握它在南大洋食物链中的重要作用。"孙松强调。

原来，如同陆地上的动物存在着食物链一样，海洋中的生物，也是靠着一条食物链维系。很多人都看过有关非洲大草原的纪录片，片中向我们展示的，正是陆地食物链的标准图景。一望无际的草场，青草繁茂。一群群的水牛，正在悠闲地啃食咀嚼。突然，几只非洲母狮，向其中的一头水牛发起了攻击，并很快将其杀死吞食。在这一食物链中，草处于下端，牛处于中端，而狮子则处在高端。同样道理，在海洋中，生存的逻辑，也是大鱼吃小鱼，小鱼吃虾米。

具体到南大洋，则是这样一条从低到高的食物链条。处在最低端的是浮游植物，也被称作初级生产力。它们在阳光下靠自身的叶绿素进行光合作用，并大量吸收海水中的营养盐，使自己繁殖生长。包括磷虾在内的所有浮游动物，叫次级生产力，它们都以浮游植物为食。再往上的三、四级生产力，则包括了鱼类和各种哺乳类动物。在南大洋这个极为简单的食物链中，磷虾居中，对整个生态平衡发挥着至关重要的作用。对下，它是浮游植物的直接摄食者；而对上，各种鱼类和哺乳类动物，都是以磷虾为食。换句话说，磷虾直接维持着所有中高级的生命形态，包括鱼类、企鹅与各种海鸟、海豹和鲸鱼。因此，磷虾处在整个南极地区海洋食物链的中心环节。一次，在一头被解剖的蓝鲸的胃里，一下就掏出了一吨重的磷虾。"磷虾与其他动物不同。假设人类在磷虾身上重犯了对海豹和鲸鱼的那种灭绝性捕杀的错误，那遭殃的不仅是磷虾，整个南大洋生态系统都将被摧毁。"孙松说。

我对孙松进行采访的时间，是1991年1月4日的早晨，他在值班。这时，大洋调查刚开始几天，船只正驶向新的调查站位。用于搜索虾群的探鱼仪，一直处在24小时的开机状态。5天前，正是它捕捉到了一个虾群的信息，大洋班成功捕捞上第一网磷虾。我们聊兴正浓，忽然，探鱼仪上又发现了较大虾群的踪迹。我看了一下时间，是当地时间9点55分。这时的孙松像变了个人，立即起身，只说了句"抱歉"，就大步迈出了房门。我知道，他去叫人了。

第一时间赶来的，是孙的同事仲学锋和石承军。仲也是一位对工作充满了激情的年轻人。石则负责渔具，是出了名的"拼命三郎"，

刚刚捕捞上来的磷虾。

我看到他此时只穿了条秋裤，赤着脚，穿着拖鞋。很快，大洋班班长侍茂崇和两位考察队的副队长国晓港、刘小汉也来了。孙在向船只驾驶台报告了发现虾群的具体方位后，船即开始掉头。10点28分，开始下网，这是一种专门的采样拖网。这时，阿乐、阿宏、王恩喜和听到消息的队员，也赶了过来。在南大洋，没有比发现磷虾群更让人兴奋的事情了。众人来到探鱼仪上观察。在彩色的屏幕上，可以清楚地看到由红、黄、绿、蓝等色点组成的色块，在不停地流动。每个观看者的脸上，都洋溢着喜悦。

时间过得很快。12时56分收网，但结果却令大家失望，只捕捞到两公斤，而且不知道什么原因，都死了。我注意到，比起众人的沮丧，孙松倒显得淡定，他只是轻声嘟囔了一句："看来这个虾群的密度不大。"此时这里，除了来过南极的，大都是第一次见到磷虾。于是众人经请示后，就围着盛着磷虾的大盆，蹲下尝鲜。我则趁机仔细观察了磷虾。它们大体身长在4～5厘米，红红的身子，黑黑的眼睛，长长的触角，头部和胸部都被头胸甲包裹着。有关资料上说，虽然磷虾与虾类不是同辈关系，而是龙虾、对虾的祖辈，属于小型海洋甲壳类动物，但它们的外形，却酷似虾类。我一共吃了3条。细细咀嚼，与国内常吃的对虾相比，并无二致，甚至更鲜。

其实，磷虾不仅味道鲜美，而且营养丰富，属于高蛋白质的食物。磷虾的经济价值很高，鲜磷虾蛋白质的含量达13%，加工之后的含量更是高达50%，是其他动物性食品的2～3倍。此外，磷虾体内还含有大量的维生素和丰富的矿物质。人类食用磷虾，唯一的障碍是它的身上含氟。氟对人体有害，主要集中在虾壳。如果食用，就要求在捕捞后立即脱壳。南极的磷虾共有8种，其中数量最大的是南极大磷虾，俗称磷虾。它的体长在南极磷虾中是最长的，成虾有4.5～6厘米，最长者可达9厘米。如果有朝一日，磷虾被搬上了其他各大洲的餐桌，我相信，它一定是一道令人垂涎的佳肴。

尝完磷虾，我和孙松继续我们的谈话。

正因为磷虾的如此魅力，从20世纪七八十年代开始，出现了令人不安的动向，一个新兴的磷虾产业正在逐步成型。随着新式网具的出现，以及加工技术的进步，刚刚捕捞上来的磷虾，就可立即上船，加工成各种食品后，直接发往世界各地。这种一条龙式的捕捞—加工—销售模式，一旦用于南极磷虾，其杀伤力是巨大的。难怪20世纪70年代，磷虾的捕获量还只有20万吨，10年后，一下就翻了一倍。当时，除了老的捕捞磷虾的大国如苏联、日本、波兰外，一连串的新兴国家和地区，如德国、智利、韩国、保加利亚和中国台湾等，也在伺机而动。这就使得国际社会和科学家们开始担心，一旦群起效尤，世界各国一窝蜂似的涌向南大洋，磷虾会重蹈当年海豹和鲸鱼的命运。"由于磷虾处在南极食物链的中心位置，其如有不测，便是人类犯下的一个无法弥补的错误，那将是一场巨大的生态灾难。"说到这里时，孙松有些激动。

实际上，人类开始觊觎磷虾，也是事出有因。随着世界人口的增长，对蛋白质的需求也日益旺盛。水产品是蛋白质的一个重要来源，但由于捕捞过度，传统渔业资源正急剧衰退，各渔业大国，肯定要另寻出路，南极的磷虾，便成了新的选择。当然，在这背后，还有更深层的原因。那就是，当我们在谈论陆地和海洋的食物链的时候，千万不要忘记，还有一个更大、更根本的食物链的存在，就是全球食物链。而它的顶端，就是人类。站在顶端的人类，似乎有权力决定他以下所有低端生物的存废。当年海豹和鲸鱼的命运，便是明证。所幸的是，半个世纪后的人类，似乎聪明了许多，理性了许多。他已经明白，生物的多样性，恰恰也是其自身存在的条件和理由。他可以继续向大自然索取，但必须有度。

"这就带出了一个问题。人类的正常需求，可以满足，但必须以不破坏当地的生态平衡为基本前提。"孙松说，"问题是，如果人类要取用南极磷虾，那个'度'到底在哪儿呢？"

于是，在 20 世纪 80 年代，有两个由多国合作的调查计划分别上马。它们都对南极磷虾的资源总量进行了估计，并在此基础上，提出了可供捕捞的数量。乐观地估计，认为磷虾的资源量为 10 亿 ~ 50 亿吨。谨慎地估计，为 4 亿 ~ 6 亿吨。有人据此认为，即使按照 4 亿 ~ 6 亿吨的估计，可供人类食用的磷虾量，也在每年 5000 万吨左右。如果假设当时全球的总渔获量只有一亿吨，这也是一个极具诱惑力的前景。提出谨慎估计的调查计划，源于南极研究科学委员会和海洋研究科学委员会等国际组织，他们发起并实施了南极海洋生物系统和储量的调查，共有 14 个国家参加。这个实则以磷虾资源为核心的南大洋生态系统研究，用 10 年时间得出了一系列的重要结论。难能可贵的是，该计划在作出了 4 亿 ~ 6 亿吨的估计后，仍然讲了一句甚为关键的话："这不是最后的结论！"

不过，这两组反差过大的估计，多年来一直在困扰着有良知的各国海洋科学工作者，也困扰着孙松。准确地说，人们还在期待，期待着一个更权威、更有说服力、能做到万无一失的结论问世。孙松明确对我说，两组数字中，他倾向于后者。但这只是因为，"在自己有实力发言之前，我宁可保守一点"。

正是为了让自己，也让中国，有实力在这个问题上发言，孙松来到了南极。他的论文，围绕着磷虾的年龄问题展开。这一研究方向的意义在于：了解了磷虾的寿命，便可推测磷虾资源的补充量，以确认磷虾的年捕捞量。这是一个雄心勃勃的目标，充满风险。但孙松对我说："中国人，就应当做出一流成果。"

坦率地说，有关磷虾的命运，以及由磷虾所演绎出来的所有故事，是我来南极之前始料不及的。小小的磷虾，在我的面前，变得高大、威武起来。于是，我便向孙松他们提出，能不能帮我个忙，让我把磷虾带回国内，带到家中。那装着磷虾的药瓶，就是他们的作品。

从此，我多了一个心事。每到冬季，天气足够冷的时候，我都会拿出这个药瓶，看上一气。转眼，20多年过来了，我一直担心的事情，没有发生。我始终没有看到，有关人类在南大洋肆意捕捞磷虾的新闻。我知道，这是等待。这说明，人类成长了。而这一次的老师，正是磷虾自身。

08 /

海洋生物

1991年1月1日，正在进行大洋调查的"极地"号船，继续在冰区航行，并在凌晨到达第17个作业点。当天下午，风和日丽。船一直在靠近浮冰线一带的水域向西推进。沿左舷方向望去，白色的浮冰线，如同精巧的珍珠项链，横卧在湛蓝的海天线上，在阳光的照射下，熠熠闪光。包括我在内的不少队员，聚集在前甲板，品评着绮丽的景致。

"快看，鲸鱼！"忽然有队员大声喊道。原来，是澳大利亚籍直升机飞行员杰瑞，他通过望远镜，在船的前方发现了数只鲸鱼。在此后的一个小时内，"极地"号又接连遇到了数群，它们大都与船保持着相当的距离。但其中有3只，在船的右舷方向出现。它们露面后，好像是故意的，与船并肩向前游动。游了一阵儿，它们又突然提速，从船前的100米处左拐通过，然后再左拐，在距船左舷200多米的水中，向船后方向快速游去。它们黑色的脊背，不时露出水面，激起阵阵浪花，并不断地喷射出数米高的水柱，与蓝天、蓝水、白云、白冰相互映照，组成了一曲动人的极地海上牧歌。

由于特殊的地理环境，南极大陆的生物极为稀少。然而，围绕南极大陆的南大洋，却是一个充满生机的生物世界。在这个面积为7500万平方公里的水域中，栖息着数千种海洋生物，既有单细胞的浮游植物，又有几米长的大型海藻；既有小型的浮游动物磷虾，又有大型的哺乳类动物海豹、鲸鱼……可谓种类繁多，不胜枚举。然而限于篇幅，本篇仅对鲸鱼与海豹作一介绍。因为它们的命运，曾经引起了亿万人的关注。

先说鲸鱼。

南大洋，素有"鲸鱼王国"的美称，是各种鲸鱼栖息的场所，也是它们嬉戏、进食的乐园。每到南极的夏季来临，南大洋开始解冻，包括蓝鲸、虎鲸等十余种鲸类，会从世界的各个大洋，不远千里地赶来，寻觅丰富而可口的饵料，度过一年中的最好时光。于是就出现了本文开头时所描写的景象。在碧波荡漾的大洋之上，成群结队的各种鲸类，或几只、十几只，甚至几十只地排列成队，在茫茫的大洋中尽情畅游。它们时而潜水觅食，时而出水呼吸，并在蓝色的洋面上，不时地喷出几米、十几米高的白色水柱，犹如节日的素色礼花，尽显着极地海洋世界的一派生机。

这些散布于南大洋的鲸鱼，总量大约有100万头，可分为12种。它们主要分成两大类。一类是须鲸类，口中有须无齿，有两个鼻孔，性情比较温和。另一类是齿鲸类，有齿无须，鼻孔有一个，能发出超声波，性情比较凶猛。较大型的须鲸包括蓝鲸、鳍鲸、巨臂鲸和露脊鲸等。较大型的齿鲸则包括抹香鲸、独角鲸、虎鲸等。鲸的种类很多，全世界有80余种，我国海域有30多种。鲸虽然生活在海洋中，但它们的祖先原本是生活在陆地上，因环境变化，后生活在靠近陆地的浅海里。又经过了很长时间，才进化成现在的样子。为了适应水中的生活，它们的前肢演进成划水的"桨板"，后肢则明显退化，身体也变成了流线状，酷似鱼类。鲸的潜水能力很强，小型齿鲸可潜至水下100～300米处，停留4～5分钟。

鲸是胎生，属海洋哺乳类动物，用肺呼吸，一生都生活在水中。在南极，它既不同于同属哺乳动物的海豹，也不同于用肺呼吸的企鹅，而后两者，是时而生活在海里，时而生活在陆上。喷泉式的呼吸方式，是鲸的生活习性使然。据说，有经验的捕鲸者，能根据水柱的

⊕ ▶ 象海豹在恐吓对手。

温柔的小海豹。

高低和形状，迅速判定鲸鱼的种类和大小。鲸鱼的浑身上下都是宝，具有很高的经济价值。鲸肉作为美味食品，不仅营养丰富，而且与鲸油、鲸骨和鲸皮一样，都是重要的工业原料。一只百吨重的蓝鲸，在几十年前的售价，就可卖到数十万元。

南大洋的鲸，主要以磷虾为食。以体长30米以上、重约150吨的"兽中之王"的蓝鲸为例，一头成年蓝鲸每天可以吃掉将近10吨重的磷虾。它们中的大多数，是从亚热带和温带迁徙来的，在每年的11月左右来到南极，3个多月后，它们会原路返回。这既是一种本能，也是一种宿命。比如须鲸，它们主要是在南大洋进食，在其他海域吃得很少。因此，南极就成了它们不得不回的家。正因为如此，南大洋一度成为鲸鱼的坟场。到了20世纪30年代，南大洋成了世界的主要捕鲸区，捕杀量最多的1937年，在南极辐合带以南，捕杀的鲸就有4.5万多头。据统计，20世纪上半叶，各国在南大洋的总捕鲸量约为80万只，占同期世界总捕鲸量的70%。过度的捕杀，使鲸鱼的数量迅速萎缩。

历史上，鲸鱼一直保持着它特有的尊严。它们拥有固定的徊游路线，尽管那是几万公里的征程。它们的踪迹遍布整个海洋，会游过所有大陆。它们还拥有严格的社会行为规范，例如母亲宁愿牺牲生命，也不会放弃孩子，等等。事实上，除了虎鲸外，鲸大都性情温和，并且对人类表现出格外的敬重。例如它们发现附近有小船行驶时，行动就会特别"轻手轻脚"。但是善意换来的，却是捕鲸者的残忍。在100年前，座头鲸和南方露脊鲸几乎已被捕尽杀绝，因为它们游得较慢。在20世纪，有近36万头蓝鲸被杀戮。鲸的繁殖能力很低，平均两年才生下一头幼鲸。由于人类的捕杀和环境的污染，鲸的数量已经急剧减少。在地球上生活了5000多万年的鲸，已有至少五种濒临灭绝。

而尤其不能容忍的是，《全球禁止捕鲸公约》于1986年发布，被捕杀的鲸鱼数量，也终于从一年的2.2万头，下降到2700头。但时隔仅一年，由于日本等国的违约行为，使鲸鱼再次面临被大量捕杀的厄运。仅在一年当中，日本就猎杀了500多头小须鲸和440头抹香鲸，挪威则计划捕杀小须鲸655头。其实，追溯起来，日本的商业捕鲸已有400多年的历史，它也是目前世界上最大的捕鲸和食鲸的国家。《全球禁止捕鲸公约》生效后，捕鲸委员会的各成员国均宣布放弃商业捕鲸，其中也包括了日本。但它打着"科学研究"的旗号，从1987年开始，重又大规模捕鲸。尽管全球抗议浪潮不断，但日本这个曾豢养了嗜杀成性的军人的国度，捕鲸行动一直都没有停止。

20多年前，当那天与鲸鱼相遇的时候，我们就已经通过媒体，对日本这样的国家在捕鲸问题上的态度，早有耳闻。所以当时我们的心情，都是百感交集。望着那些远去的鲸鱼，我和队友们只能在心底，祝福它们一路平安。

再说海豹。

我第一次见到海豹，是在澳大利亚的戴维斯站。就在该站的海滩上，有两群各20余只的海豹群。它们身躯肥大，表皮深棕色，长有3～4米，正紧靠着睡在一起，享受着南极夏季最后的时光。海滩的内侧就是公路，但过往的人员和车辆，似乎都成了它们的催眠之曲。

据资料，全世界共有海豹34种，大约3500万头，散见于全球各个海域，高寒地区更是常见。在我国的辽宁盘山河口以及山东庙岛群岛等地，都曾有大群海豹出没。南极地区共有海豹六种，包括锯齿海豹、豹型海豹、威德尔海豹、罗斯海豹、象海豹和海狮，约为3200万头，占了世界海豹总数的绝大部分，其中前4种是南极所特有的。长期的水中生活，使海豹的四肢变成了和鱼一样的鳍，这使得它们在水中轻松自如。海豹的游泳速度，可达每小时27公里，然而一旦到了陆地，就变得十分笨拙。行走时，它要靠着双鳍支撑着肥胖的身躯，一拱一拱地向前蠕动，憨态可掬。

在南极的这几种海豹中，特点最鲜明的，是以下三种。

锯齿海豹，又名食蟹海豹，分布在整个南极大陆的四周，因口中长有成排尖细的牙齿，其上下交错排列，很像锯齿而得名。它们的体长一般在2.5米左右，体重220公斤，寿命一般在19年。它虽又名"食蟹海豹"，却从不食蟹，而是以磷虾为主。锯齿海豹约有3000万头，是世界海豹中数量最多的一种，在当今世界，也是数量最多的大型哺乳类动物。

威德尔海豹，主要生活在南极大陆边缘，最常见于威德尔海，故而得名，数量在75万只左右。在中山站海区所能见到的，就是这种海豹。它体长3米左右，平均体重300多公斤，一般雌性略大于雄性。到了冬季，为了呼吸和上下冰层的快捷，威德尔海豹就利用它吻部尖利的牙齿，大口大口地啃咬冰层，这样一点点地啃出一个冰洞来，并常常因此而磨破嘴唇，甚至磨掉牙齿。它也由此获得了"打孔专家"的美誉。

象海豹又名海象，是海豹中个头最大的，也是相貌最丑陋、动作最笨拙的一种，其数量约在70万头。雄性象海豹的体长，可达4～6米，体重2～3.5吨。雌性的体重仅为雄性的一半，很好区别。象海豹所以得其名，全因为它的嘴唇上方，有一块富有弹性、长度达40～50厘米的软肉，酷似大象鼻子的上半段。它们通常是白天睡觉，夜晚进食，并以磷虾、乌贼为食，喜欢群栖。象海豹分布在南极的海洋性岛屿的周围海域，陆上繁殖，其繁殖地又往往是世袭的领地。中国南极长城站不远处的西海岸沙滩，就是其中的一个。

十四次队时，我与队友曾数次前往西海岸，与象海豹有了近距离的接触。其中印象最深的是第一次，那是上站后的一天下午。站在海滩后面的高处，只见整个海岸的海滩，几乎全被象海豹占据了，估计有三五百只。它们全身褐色，体型肥大，远远地看去，就像一片排列还算整齐的麻袋。由于在南极，海豹已是食物链的顶端，因此它们对我们的到来，全不在意，理也不理。只是由于个别海豹的挪窝，会导致局部小小的骚乱，但很快就会归于平静。

我站在离它们二三十米的地方拍摄。忽然，在海豹群靠海的一边，有一只体型明显较大的海豹，气哼哼地朝我这边拱来。我以为是我打扰了它们，就往后退。但这时，在离我较近的地方，也有一只体型明显大一些的海豹，就像是做错了什么事情，从海豹堆里抽出身来，拔腿就跑。于是在我面前，就形成了前跑后追的局面。眼见后面的这只越追越快，而且追上后就是狠狠的一口，顿时鲜血淋漓。直到前面这只逃进海里，后面的这只才算罢手。原来，海豹实行的是一夫多妻制。这个场面的内容是，有"第三者"混入了雌海豹中间，后被唯一的"丈夫"发现，并遭到了凶狠的驱逐。在我拍摄的过程中，这种情况出现了两次。

由于海豹的皮毛不仅光洁，而且皮质坚韧，可以用来制作抵御严寒的衣服、鞋、帽子等，因此海豹遭到了严重的捕杀，致使南极大陆周围海豹的数目急剧下降。据统计，历史上光是在南乔治亚岛上，从1780～1830年和1860～1880年间，就有120万头南极海狮被捕杀。到19世纪末期，南极周围的海狮几乎绝迹。

从40年前开始，由于环保意识的觉醒，使得越来越多的欧洲女性，开始以穿用海豹毛皮为耻，并最终迫使欧洲市场禁止了海豹毛皮贸易。虽然现在南极海豹的种群数量已开始在恢复性增长，但它们珍贵的毛皮，仍然吸引着贪心的商人。为了不使海狮的悲剧重演，1972年，南极条约协商国起草并通过了《南极海豹保护公约》，并于1978年4月正式生效。

我曾在一些有关南极生物多样性保护的言论中，看到了这样一个观点。它说，南极的生物链不仅是自在的、有效的、自我调节的，而且与全球气候直接相关。因为鲸鱼、海豹等，均以磷虾等浮游动物为食，浮游动物又以浮游植物为食，而浮游植物，正是海洋藉以吸收二氧化碳的媒介。接下来的逻辑就很简单了。鲸鱼、海豹少了，磷虾等就多了。磷虾多了，浮游植物就少了。浮游植物少了，海洋消耗的二氧化碳也就少了。由此，我们能否这样推断，几十至百多年前的那场对南大洋大型哺乳类动物的杀戮，是否也是目前全球"温室效应"出现的原因之一呢？答案是清楚的。

09 /

企鹅家园

对于南极的企鹅来说，人类是不速之客。对于人类而言，企鹅则是不用上妆的演员。来南极，不能不看企鹅。在长城站看企鹅，不能不到阿德利岛。在中山站看企鹅，则不能不到阿曼达湾。

1997年12月的一天，我随十四次队到达长城站不久，就幸运地随专家们一道，乘皮划艇前往站区以东1.9公里处的阿德利岛考察。这是一个企鹅群栖地，居住着大量的阿德利企鹅，该岛也因此而得名，此外还有少量的帽带企鹅和巴布亚企鹅，企鹅总数逾万只。

还未靠岸，就见岸边站立着几百只企鹅。我们小心翼翼，有的还尽量面带笑容。企鹅大都腆着白白的肚皮看着我们，有的看了一下，就又接着嬉戏。别看它们在陆上笨手笨脚，在水下则是健将，游水时速可达40公里。不料待我们真的走近，企鹅们还是感到了威胁，大多躲避逃散了。

"抬头看！"有人提醒。这个岛的主体，其实是一座由众多山丘拱卫着的小山，放眼望去，在一道道随山势增高的山脊上，密密麻麻布满了企鹅，构成了一条条优美的曲线和森严的阵势。"我们可是为和平而来！"我在心里说道。

沿海岸绕过一段高地，企鹅家园的真面目尽展眼前。在一处处高地和避风处，数以千计的企鹅家庭，连接在一起，满山遍野。企鹅们有的站，有的伏，即使我们走近，也是岿然不动。原来，这都是企鹅的父母们，它们或是在抱卵，或是还在喂养刚刚出世的孩子。

阿德利企鹅一般身高45～55厘米，体重4.5公斤。每年10月下旬，它们从北方归来，开始其繁殖活动，并到11月中旬陆续开始产卵。卵重一般在75～150克，比鸡蛋大，白色，一般产两枚。产卵后，雄雌企鹅要交替抱卵。我们登岛，正值孵化即将完成的阶段。

企鹅父母们都把孩子托在自己的脚掌上，然后用大大的肚皮把它们紧紧偎住。有的还在孵化，有的已经出世。小企鹅的毛是灰色的，与山岩的颜色接近，须仔细辨认。它们饿了，就把脑袋从大企鹅的肚皮下拔出来，用力上仰，于是大企鹅就把未经消化的磷虾吐到它的嘴里，让小企鹅尽情享用。

阿德利企鹅的家呈圆盘形，由数百块比火柴盒还小的石块垒成，内径约两尺。邻里之间，相距也都在半米到一米之间。我不知道，阿德利企鹅为何会对这些碎石情有独钟。它们之间求爱时，雄性有时就会靠着从远处衔来的小石块，投雌性所好。岛上有风，这时，只要根据企鹅群的颜色，就能判明方向。白色的肚皮一定是顺风，而黑色的后背，则一定是迎风。企鹅的父母们，就是这样恪尽着天职。

我注意到两个有趣的现象。其一，是有两处企鹅有蛋不孵，摆在面前像在观赏。是蛋坏了，还是另有原因？据说，企鹅中有偷蛋的行为。如果真是这样，那么企鹅也非常看中血缘，很可能是偷来了，又终究不能视若己出。其二，有一家两口，一方站着孵卵，但家徒四壁，只有十几粒石块，于是另一方就到邻居去偷。它开始东叼几块，西叼几块，没人理它。但眼看它越偷越多，没有收手的意思，邻居们忍无可忍，"啊""啊"的警告声此起彼伏。有的邻居还发火了，开始咬它。但碍于养子，身子不便挪动，怎么伸脖子也咬不着。而它好像看清了这一点，偷得更是热火朝天。我在一旁看得着急，真想扔几块小石子过去，一来灭灭它的气焰，二来成全它，省得这种不道德的行为蔓延开来。但我最终忍住了，因为不打扰动物，是我们登岛的最高

两只小企鹅紧紧地依偎在母亲的怀抱。

企鹅妈妈在给小企鹅喂食。

原则。

据说，早在五六千万年以前，企鹅的先祖，就已经出现在地球上了。人们从化石中发现，当时企鹅的身高竟达5尺，比现在的要高得多。可惜的是，它们早已灭绝了。现在的企鹅，全世界共有20种，全部分布在南半球。其中南极的企鹅有7种，计有1.2亿多只，占世界企鹅总数的绝大部分，包括阿德利企鹅、帝企鹅、巴布亚企鹅、帽带企鹅、王企鹅、浮华企鹅和喜石企鹅。它们全部主要以南极磷虾为食，每只企鹅平均每天能吃0.75公斤，这样它们每年能吃掉的磷虾有3300多万吨，相当于鲸鱼捕食磷虾的半数。

南极企鹅共同的形体特征，都是身体呈流线状，后部羽毛全黑，前腹羽毛全白，翅膀退化为鳍形，足小腿短，大腹便便。在南极的企鹅中，阿德利企鹅和帝企鹅与中国人的缘分最深，因为就像在长城站附近，群栖着大量的阿德利企鹅一样，在中山站附近，则群栖着大量的帝企鹅。南极企鹅中，阿德利企鹅的数量最多，约有5000万只，分布也最为广泛。帝企鹅的身高一般为1.2米，重约40公斤，它是南极最大的企鹅，也是世界的企鹅之王。然而它的数量最少，只有约57万只。

在距中山站28公里外的阿曼达湾，有一个面积不足2平方公里的海岛，上面栖息着四五千只帝企鹅，小岛故名"企鹅岛"。两赴南极，我虽然都到了中山站，但由于数十公里海水的阻隔，我与其他度夏的队员们一样，都无缘帝企鹅。只有中山站的越冬队员，才能够在海上结冰的时候，乘车前往该岛，一睹帝企鹅的风采。我第一次见到帝企鹅，是在十四次队，我们拜访俄罗斯青年站的时候。

当时我与队友正在站区机场的跑道上散步，远远地就看见了两只大个头的企鹅。根据身高，我们认出了它俩是帝企鹅。走近一看，果不其然。帝企鹅最重要的标志，除了它们的身高外，就是它们的脖子底下，有一片橙黄色的羽毛，非常醒目。帝企鹅果然庄重高雅，气度非凡。不论是我们给它们拍照，还是与它们合影，它们一概处之泰然。帝企鹅所以会引起我的极大兴趣，还不仅仅因为它的难得一见，而是更在于，帝企鹅在婚育中所表现出的意志品质，把此种生物的优长发挥到了极致。

原来，帝企鹅不仅是南极大陆的"土著居民"，还因为其仪表堂堂和举止端庄，被誉为这片冰雪大陆的"贵族"。然而，其真正的可"贵"之处，倒是对养育儿女的态度。在南极的夏季，帝企鹅主要生活在海上。它们在海水中自由驰骋，把自己养得膘肥体壮，为的是迎接冬季繁殖季节的到来。到了4月，南极进入初冬，帝企鹅却爬上岸来，抓紧做好两件事情：一是找好一位终身伴侣，二是找好一块用于生育的风水宝地。接着，它们就开始了交配、怀卵、产蛋、孵卵和养育的生活流程。这样，一个堪称奇迹的壮举，也就在这一过程中诞生了。

在庞杂的动物世界，由雌性来生儿育女，似乎已天经地义。然而这一人们都习以为常的做法，却受到了帝企鹅的挑战。原来，雌企鹅在产蛋以后，不是由自己孵卵，而是把蛋立即交给雄企鹅，自己却一走了之。它们来到了海里，尽情地觅食和享受，就好像孵卵这样重大的生命过程，与自己毫无关系了。当然，雌企鹅这么做，自有它们的道理。它们在怀孕期间，也同人一样，会有妊娠反应，不仅食欲大减，严重的会一个多月不思茶饭，导致精神和体力的消耗非常严重。

于是，雄性企鹅就把孵卵的任务，独自承担了下来。企鹅之所以把生殖期选在南极的冬季，是因为这时的敌害会少很多，能够提高繁殖率。但这也带来了一个很大的问题，就是南极每秒几十米的大风，和零下几十度的严寒。因此，雄性企鹅在孵卵之前，先是要很多只并排而立，后背朝风，让自己的身体成为遮挡风寒的屏障。然后它们要双足紧并，与尾部的支撑形成三点一面。都做好了，才会异常小心地把蛋卵用嘴拱到脚面上，最后再把腹部下端的一块肚皮，严丝合缝地将蛋盖住。等这一切都做完了，雄企鹅就开始低下头，全神贯注地看护起属于自己的幼小生命，在下肢基本不动的情况下，不吃不喝地站立60多天，直到小企鹅破壳而出，它才能稍微松一口气。

实际上，要等到三个月的时间，雌性企鹅才会返回家来。但这时的雄企鹅，已衰弱到极限。这期间，雄性企鹅的身体没有任何补充，全凭消耗自身贮藏的脂肪，既保证孵卵所需的体温，同时还要维持生命自身最低限度的需求。正是为了完成这一崇高的使命，雄企鹅承受了难以想象的艰难困苦，为此它们的体重平均要减少10~20公斤，最多的会减少体重的45%。雄性帝企鹅，用它们的艰辛付出，改写了动物界养育后代的历史。

除了雄性孵卵以外，帝企鹅还有一项了不起的发明，就是企鹅"幼儿园"。原来，在小企鹅长到能独立行走之后，为了保证大企鹅能到更远的地方觅食和加强对小企鹅的保护，企鹅父母在出门的时候，便会把小企鹅委托给专门的邻居照管。这样委托的小企鹅多了，便形成了几只大企鹅照看一大群小企鹅的局面，成为事实上的企鹅"幼儿园"。而那些园里的"阿姨"，更是让人感动。它们不仅忠于职守，精心照料每一只小企鹅，而且遇到有天敌来进犯的时候，它们还会挺身而出，保护好所有的小企鹅。到了晚间，大企鹅回来了，再把自己的孩子接走。正是因为有了这样的"幼儿园"，才极大地提高了帝企鹅家庭的生活质量与效率。

在来南极之前，企鹅吸引我的，是它们憨态可掬的外表。来了南极之后，我最欣赏企鹅的，是它们的坚忍与智慧。原本与世隔绝的南极，是企鹅的家园。任何时候，人类只能是过客，千万不要反客为主。

10 /

沉默冰山

1990 年 12 月 27 日晚，尽管包括一些晕船队员在内的考察队员，因为船舶的摇摆没有想象得那么大，而直呼"不过瘾"，"极地"号还是按计划驶出了西风带，从而把"瘾头"留给了返程。21 时 35 分，随着船左舷 3 海里处，一块长 300 多米、高约 50 米的较大冰山的漂过，从而揭开了出航以来船上最大的一个谜底。

此前，对本船遇到的第一座冰山的具体时间，考察队曾开展了有奖预测，奖品为一箱易拉罐啤酒。此项活动，在国际上早已普遍开展。出乎大家意料的是，获奖者竟然是领队张季栋。因此，不断有队员向其咨询"灵感何来"。还有人开玩笑地追问"是否滥用了职权"。对此，老张只是笑而不答。不过很快，大家的注意力，就被船两侧的新奇景象所吸引。对于所有首赴南极的队员来说，这都是一段终生难忘的航程。

随着"极地"号逼近浮冰区，四周冰山的密度逐渐加大，我们闯入了一个景色奇异的世界。此时，天色蔚蓝，海水深碧。静静的海面上，一座座巨大的洁白冰山，千姿百态，从几十到上百米高，几百到上千米长，浩浩荡荡，像一支没有尽头的庞大舰队，向北缓缓漂过，构成了一幅冷色调的全景动感画面。在国内时，我们常用"冰清玉洁"来形容尤物，但当时却拙于辞令。因为它们就是冰，就是玉。只是这冰太大，这玉太美。队员们有的不停拍照，有的则呆呆地完全进入了直觉状态。

令大家惊奇的是，虽然出自大自然之手，冰山的其状其貌，却惟妙惟肖，生动异常。有的造型逼真，状如蜗牛、骆驼、鸭子、漓江象鼻山，有的气度恢弘，形同皇冠、金字塔、罗马斗兽场、悉尼歌剧院……这无疑是一个完全陌生的世界，但你却不会感到孤独。因为人类文明的很多积淀，都可以在这里找到具象的依托。这里的一切，都是沉寂、肃穆、不可捉摸的。但同时，又是生动、热烈、有章可循的。随着船只向纵深驶去，会使人萌发上溯历史的沉重感。同时，也使我们开始追问：它们，从哪里来，又将向哪里去？

显然，这些冰山全部来自南极大陆。随着蒙在南极身上神秘面纱的被揭开，人们早已获知，南极冰盖不是一成不变的，而是以内陆被称作"冰穹"的一条断续的隆起线为中心，以每年30米不等的速度向四下流动，在成为冰架后，会不停地断裂入海，成为一座座水中之山。在南极有一个通常的标准，即直径大于5米的，叫冰山，小于2米的，叫碎冰，居于两者之间的，被称作冰块。在入海的最初，冰山通常的形状，是桌状、塔状和梯状等。其后来的千变万化，则源于海水、海风、阳光等自然力的侵蚀、雕琢。

由于这些冰山都是淡水冰，其比重低于海水的比重，它们露出水面的部分和沉入水下的部分之比，一般为1：7～1：10不等。而它们入海时的最初体量，长度从几米、几十米到几百公里，高度从几米、十几米到百米以上。曾有一项估算，如果把这些从南极大陆游离的冰山，全部化为淡水，够全球使用数月。据说，某些缺水的中东国家，就曾设想用拖船到南半球，把个头适中的冰山拖回国内。不过，至今也未见有此类报道。

比较而言，北极的冰山要逊色很多。它们的平均寿命为2～4年，南极的，则能达到10～14年。而这种差距更多的，表现在它们的块头上。美国人曾在1956年，观测到一座桌状冰山，其长333公里，宽96公里，到目前为止，未见有出其右者，足可被称作"冰山之王"。而大型冰山，往往由于其体大命长，甚至能演绎出很多的故事。七次队

此冰山的水上部分高三四十米。

冰山的水上和水下部分之比为 1：7 ～ 1：10 不等。

时，刘小汉博士就向我讲述了相关的一则趣闻。

1963年，在中山站附近的埃默里冰架，曾分离出一块长110公里、宽75公里的冰山，名字就叫"埃默里"。它为了打破孤独，4年后向西漂移到毛德皇后地冰架，并撞下了一块长104公里、宽53公里的冰山，被取名为"卓尔通加"。此后，"埃默里"崩解，"卓尔通加"则继续向西漂荡,并穿过威德尔海，在1975年时，在南极半岛的北部，撞下了第3块更大的冰山。然后它们继续北上，在穿过南大洋和南乔治亚岛后，终于崩解为无数的小冰山和碎冰。其中有相当的部分进入了低纬度地区。正是这些传奇，引起了我对冰山命运的关注，也不禁使我想起了在十四次队时，我们与冰山的一段奇缘。

那是在1998年1月11日，我们乘坐的"雪龙"号船比预定时间提前了一天多，顺利抵达了俄罗斯青年站附近水域。目力所及，船只完全是在一片银色的世界中穿行。细波微澜之上，铺洒着无数的破碎冰块。船两侧，漂移着数十座形状各异的大型冰山。海天尽头，白色的南极大陆，宛如一条静卧的巨蟒。队员们纷纷来到各层甲板，顶着凛冽的寒风拍照留念。

然而，最令大家吃惊的是，左舷方向不远处，有一特大桌状冰山，船以11节左右速度行驶，足足走了4个多小时，才走到它的另一端。当时令人心存感激的是，如果这座高约50米的冰山，位置再南靠一海里，就将与一片有暗礁的危险水域连接，"雪龙"号将被迫绕行300海里。就在船只与冰山比肩而过的最后时刻，船长袁绍宏说："它对我们还是挺关照的！"然而说此话时，袁船长并未意识到，这座冰山其实是他的一位"旧友"。

就在1996年12月初，执行第13次考察任务的"雪龙"号船，在来到东南极的普里兹湾外的时候，被一条长约千里的冰障阻拦。中山站就在湾内。冰障中横陈着一条奇长无比的巨大桌状冰山。后来由于风和海的作用，在这座冰山的一端裂开了一条缝隙，"雪龙"趁机穿过。几天后，这条缝隙合龙。正是有感于当天冰山的"关照"，才使得船长向我们讲述了这段一年多前的旧事。

没想到，说者无意，听者有心。一直负责冰情通报的队员、国家海洋局国家海洋环境预报研究中心的解思梅研究员，悄然离开驾驶室，拿来了一份1996年由美国国家"冰中心"发布的全球冰图记录，并与两天前收到的一份彩色卫星云图对照，发现眼前的这座冰山与船长的那位"旧友"，其实就是同一座冰山。其根据是，对它的两次记录，编号均为"D-11"，它长48海里，宽9海里。按照冰山水下部分是其水上部分大致7～10倍的规律推算，如此庞然大物，13个月后，又何以从中山站附近向西移动了1000多公里呢？

据解研究员介绍，在西风带以南到南极大陆之间，有一个宽数百公里不等的东风带。受地球自转偏向力的作用，南半球从北向南的风向左偏转，形成西风带。而从南极大陆刮来的向北的风受同样力的作用，向左偏转后形成东风带。这位"冰友"在离开南极冰架后，显然是没有机会进入西风带，就在东风带内被自东向西的风力和海水推动，浪迹至此。解研究员特别强调说，南极大陆每年向四周流出1200～1500立方公里的冰山，它们反射来自太阳的热量，同时又阻碍从海洋向大气输送热能，承担着海气相互作用，及大气和海洋间进行热交换的重任。"毕竟它与我们中国人两次相遇，而且很'友好'，不能不说这是一种特殊的缘分！"解研究员有些动情地说。

如果说，南极考察队员由于地利之便，而会与某些具体的冰山邂逅，那么冰山与整个人类的缘分，则将自有南极考察开始，而绵延不绝。据资料，仅在南极辐合带以南，就常年漂浮着20万座以上的冰山，平均体重10万吨。重要的是，它们一直在以自己的方式，呵护着地球，关照着人类。在我看来，当它们从冰陆母体分离出来的刹那，分明已变身为南极的白衣使者。当它们默默地漂向低纬度的时候，它们又准备向当今的地球人类，诉说些什么呢？

11 /

极区环保

谁都没有想到，七次队登上中山站后的第一项工作，是全体队员捡拾垃圾。这些垃圾包括遗弃的食品、各种废料、纸屑和烟头等。其实，捡来捡去，并没有捡到多少垃圾。因为为了迎接我们的到来，六次越冬队刚刚对站区进行过大的清扫。但没有人对此提出异议，因为大家都知道，这是事出有因。

这个所谓的"因"，包含了两方面的内容。

先说第一个方面。在 1990 年 6 月 5 日，由当时的国家南极考察委员会和国家海洋局联合作出了《关于 1990 ~ 1992 年度为"南极环境年"的决定》（以下简称《决定》）。按照国内政治生活的逻辑，有文件，就要贯彻。七次队的出征，正好处在"南极环境年"的时间段之内，因此刚一上站，就先让大家进行一番环境保护的自我教育。这从落实文件精神的角度说，岂不是恰到好处？

再说第二个方面。虽然对《决定》的学习，是从出发前半年的夏训就开始的，但从执行的效果来看，并不理想。就拿禁止往海里扔东西这件事来说，出航以来，似乎就没有断绝过，我就遇见过两三起。终于，在距离七次队登上中山站还有五天的时候，一场愤怒爆发了。此时，由于遇到了严重冰情，"极地"号船虽与中山站近在咫尺，但也只好在冰区停车等待。就在这段时间里，发生了令所有人都备感难堪的事情。这天早上，有人又往船下扔了东西。在船左舷的冰面上，有一个灰色的盛苹果用的托座，正引来了一群贼鸥的围观。在船的两侧和船尾，有大量食物，包括馒头、各种剩菜和两个盛酸奶的纸盒。在洁白的冰面上，这些东西显得那么丑陋，又那么扎眼。

于是，在当晚船上的有线广播里，传出了魏文良船长沉重的声音："有一个事情，必须要引起大家的高度注意，就是乱扔东西。我们已经进行了教育，南极条约也有规定，各国都作出了承诺……有人写了本书叫《丑陋的中国人》，希望大家不要做这样的人。船员们，你们四闯南极，受到了全国人民的尊敬，你们不要玷污这一荣誉。考察队员们，你们出发以后，亲人和单位对你们寄予厚望。你们是一支高素质的队伍……"

正所谓爱之殷殷，责之切切。船上的每一个人，都从魏船长的话语里，感受到了领导层那份复杂的心情。因此，上站第一件事儿，就捡拾垃圾，正是针对少数人的不雅行为而开展的一次强有力的正面教育，为的是让大家上站之后，能够警钟长鸣。

就我个人的观察而言，中国南极考察的管理层，对南极环境保护的认识和措施，都是到位的。就在此事的前一个月，当"极地"号经停澳大利亚的弗里曼特尔港时，考察队专门购买了2000只用于盛装垃圾的黑色大塑料袋。当时为了落实《决定》的精神，长城站和中山站，分别在六次队度夏期间，安装了污水处理系统。长城站还安装了垃圾焚烧装置，后来该装置也在八次队时，安装在了中山站。这些达到了国际有关规定的装置，当时曾受到了国际同行的广泛好评。

其实，了解中国人的南极环保措施，理解中国人的南极环保意识，只要看一看《决定》，就够了。这一《决定》的内容，即使是站在今天的角度看，也不过时。

比如它明确规定，在站区要做到"垃圾要分类密封存放。对可燃而又在规定的焚烧范围内的垃圾，要定期在焚烧炉内焚烧。对不可燃的及不允许在南极焚烧的垃圾，要密封装运回国处理。""站内污水都

◆▶ 队员们在仔细检查油管接口。

必须经过'生化法污水处理装置'处理后，才能排放入海。""发电机等冒出的烟，要经消烟装置处理。"

它规定在野外考察时要做到"野外考察人员都必须携带垃圾袋。一切垃圾（包括包装物、烟头、大便）都必须装入垃圾袋内带回站，并分别放入垃圾桶内。""爱护动物。不准惊扰动物。不准任意捕杀动物。不准任意采集植物、岩石。"

它还规定在相关的科学考察船上，要做到"严禁向海上乱扔废物、垃圾（包括烟头）"，等等。

更重要的是，这个《决定》不仅制定了措施，而且确立了目标，这就是"为了保护南极的环境，不仅要使中国南极长城站、中山站成为科学考察研究的基地，也要成为文明建设的基地。"

但遗憾的是，管理方的认真，与个别队员的随意，始终存在着一个巨大的反差。实际上，在20世纪90年代，中国人的环境意识刚刚觉醒，很多人的环保行为，既没有形成自觉，更没有养成习惯。于是，当时在我们的周围，就出现了很多的矛盾个体。一方面，作为一个"专业人"，他很是优秀；另一方面，作为一个"环境人"，他可能并不及格。显然，在南极，我们就遇到了这样的一些人。其实，时至今日，在国内，不是还有一些这样的人士吗？

就此问题，我曾专门采访了作为《决定》制定的参与者的贾根整站长。他就明确指出，满足《决定》里的硬件要求，并不十分困难，难点在于"软件"，即人的观念意识。

尽管总有些队员，对环保的问题大大咧咧，但别人可是认真的。七次队时在中山站，我就目睹了澳大利亚政府南极视察团察访中山站的全过程。该团由三人组成，包括澳大利亚南极局副局长奎尔蒂和外交部官员弗切勒等。会晤在站长室进行，由主人回答客人提出的所有问题。视察团的提问，包括了站区规模及功能、人员构成、越冬条件等各个方面，尤其对科考项目的设置与站区垃圾和污水的处理，问得详尽而有针对性。

譬如，照片冲洗药水含毒，但一般单位对这种药水的使用量并不多，在南极就更少。但这一问题偏偏被问到，问我们用后如何处置？我方回答：用后全部装船运回国内。随后，视察团对包括垃圾处理等在内的设施，一一进行了实地视察。可见环保问题，在南极已日益凸显。其间，副队长国晓港还以环境官员的身份，向客人介绍了我国开展"南极环境年"的有关情况。

光阴荏苒。一晃七年过去了。中国人的南极环境意识，又如何了？当十四次队我首到长城站时，竟被码头附近的一处"景观"惊呆了：满满23个集装箱，还有一米见方的150多捆，足足200吨全是垃圾。以金属和建材为主的垃圾，与两米高的积雪全部"焊"为一体。队员们都在心底惊叹：如果我们不加小心，人类在"和平利用"的旗号下，将给南极带来何等的灾难！

长城站的"重垃圾"多，是站区三次大规模扩建造成的。眼前的这些垃圾，包括了拆毁的建材、废旧的设备和一定比例的生活垃圾。将这些垃圾清运回国，需要两个条件，其一是度夏时能有安排，其二是有船运输。"雪龙"号此行，就承担了这一任务。此次笔者出发前，极地办的陈立奇主任就三次与我谈到，希望媒体能更多关注两站的环境问题。

其实，十二次队是一个转折，站区的垃圾开始按照金属、玻璃和易燃物等分类管理。按照南极研究科学委员会的决定，从1999年起，将不允许在站区再焚烧科研垃圾。这是一个各国站都必须遵守的时间表。为此，已七到南极的老队员丛凯，此次专程考察了乔治王岛的四个邻站，目的就是"找差距"。丛向我介绍，在岛上，长城站的情况属较好。只是我们在六次队时安装的焚烧炉体积偏小，十四次队新安装的焚烧炉，在体积上将是原有的18倍。而且其燃烧温度高，裂解程度好，尾气二次燃烧，可减少污染。此外还将安装"压实机"，使所有

将不能就地焚毁的垃圾清运回国。

碎金属得到处理，以便装运回国。所有这些都将在硬件上保证长城站告别垃圾时代。

行为是观念的产物。"要想在站区告别垃圾，必须要求每一名队员先从思想深处告别垃圾。"实干家丛凯说。

还是刚上中山站的第二天，紧张的卸货间隙，十三次越冬队的老队员和十四次队的新队员一起坐地吸烟。尽管队上反复教育，一名新队员还是把烟蒂扔到了地上。他扔烟的动作还没完成，几名老队员就不干了："哎哎，哥儿们，这可不是放烟头的地方！"几天以后，我注意观察，新队员中的烟民们，大都学会了自备衣兜装烟头这一招。一次远足，我们足足走了一天，吸烟无数，但无一个烟头落地。

在站区，保护环境，难在自觉坚持。做地质调查的全来喜，是个独行侠，经常扛着地质锤一走一天。站上规定，野外大便必须带回，但他总也不习惯这规矩。他的对策是，每天出发前，坚决把其干掉。总之，三来南极，他已练就了这套硬功夫。"假如你当天不回站区，怎么解决大便问题？"一次我故意问他。"有过啊！用塑料袋带回，坚决不留在野外。放心，我是老南极！"

站区是什么？南极是什么？每一名队员，每一个中国人，每一位南极人，随时在用行动填写着答案。一次回收油管，100多米长，不仅沉，张力还大。队员陈波和陈楠在管尾，他们奋力将管头高高举着，怕的是残油外流。没有人命令他们这么做。我也在扛，所以我知道油管的分量，可以想见他们的难度。他俩一直坚持到最后，一滴油没有外流，但陈楠的腮部却因此被管头重重地甩打了一下。

写到这里，我觉得有两件事儿，特别值得一提。

一是中山站新建的"生化厌氧污水处理装置"。这套装置由八个长方形箱子组成，每个都有小集装箱那么大。负责安装的海洋局三所的三位队员说："光看这些箱子，就足以表明我们中国保护南极环境的决心！"简单地说，它的工作原理就是利用培养出来的生物菌，吃掉污水中的有害物质，使水质达到国家一级排放标准。这项技术是国内成熟技术，针对南极特点又进行了新的开发，并获海洋局科技进步二等奖。

二是中国在20世纪90年代末，曾连续三次进行了南极内陆冰盖的考察。在此过程中，由于使用了"泰和通式环保型免水冲卫生厕所"，使得中国的冰盖考察，未因粪便问题而污染沿途环境。该"厕所"是一套全封闭式独立如厕设备，它采用国际上通行的坐便方式，并在坐便器垫圈和内壁都覆盖了一层可降解塑料膜。此塑料膜为一次性使用，每次如厕后自动更换，并对粪便自动进行打包、收集。如何处理粪便，是各国冰盖考察中都感到棘手的问题。

来过南极的很多人，都把南极当作了第二故乡。有些人，甚至会留下刻骨铭心的"南极情结"。队友马迎一口京腔，他的口头禅是："这不是你们家的，是不是？！"一次，我们一起讨论南极与家的关系，他若有所悟地告诉我："还真不能说，南极就是我家。如果是我家，不高兴我可以摔一个东西。可这儿不行！"

的确，人类并不是这里的真正主人。对它，我们只有奉献的义务，没有糟蹋的权利。人类只有秉持这样的原则，冰肌玉骨的南极，才能够千古沉香。

12 /

南极葬礼

　　事情发生在七次队上站第二天的早晨。我正往中山站办公栋的方向走，迎面来了两位苏联进步站的队员。前面的那位，个头不高，但身材壮实，在与我擦肩而过的刹那，由于走得太快，躲闪不及，狠狠地撞了我的肩膀一下。但他们并未理会这些，而是径直朝一处工地走去。

　　走到中方施工人员面前，他们立即用英语急切地喊道："Doctor!""Doctor!"六次越冬队的队医陈志雨正在干活，听这两人在找医生，便走到他们面前。两个人也认出了陈大夫，马上用手比画，意思是有人断气了，死了。陈一听，心一沉，急忙带着他俩，回到医务室，背上急救箱，上了他们来时坐的汽车，直奔进步站而去。同去的还有一位英语好的队友。

　　对进步站的队员来说，熟练掌握针灸技术的中国陈医生，是一位"神医"。越冬的时候，一次他们队长的腰扭了，疼得不能动弹，找到了陈医生。陈没开药，而是往他两只手腕的养老穴，分别扎上一针，几分钟过后，队长的腰竟然好了。从此，陈医生的神奇医术，博得了进步站人员的极大信任。但此时，站在进步站医务室的陈志雨，却感到无力回天。躺在地上的，不是别人，正是进步站的队医，他的同行尼古拉·普托夫。前不久，普托夫刚刚乘一艘苏联极地考察船，来到进步站。就在前几天，他们还在一起聊天。但现在的普托夫，一动不动，像熟睡了一样，只是身上还在散发着些微的酒气。陈志雨很快给他做了检查，发现他已没了脉象，瞳孔也已放大，没有了任何生命体征。他知道，普托夫不行了。但他还是抱着一线希望，开始不停地给他做心脏按压。20分钟后，另一艘苏联极地考察船的医生，也赶了过来。他查看了普托夫的情况，理解了这位中国医生的好意，但他立即示意陈，可以结束了。作为北京同仁医院一名资深的外科医生，陈志雨对生生死死见了很多。但此时，他觉得心里很堵。为什么？他也说不清。他离开进步站后，该站即开始降半旗志哀。

几天后的3月21日，是普托夫下葬的日子，为此进步站专门通知了我站。据说，这将是拉斯曼丘陵，自有人类活动以来的第一个葬礼。尽管七次队刚刚上站，工作千头万绪，但站上还是决定由贾根整站长带队，共14人组成了吊唁团，人员包括刚刚卸任的六次越冬队队长老董、来自中国香港的阿乐、来自中国台湾的阿宏、队医陈志雨等，并做了精心的准备。大约在8点40分，我们乘车来到了进步站餐厅前的小广场。趁着仪式还没有开始，我随着贾站长一起，来到了普托夫出事的现场，了解了当时的情况。

在进步站，当时住有三位来自朝鲜的人员，他们是奉命考察在南极建站的情况。其中的一位，那晚就与普托夫在一起。他回忆说，当时普托夫好像心情不好，喝了很多的酒，喝到了后半夜。后来酒没了，他就喝医用酒精。医用酒精没了，他又找来工业酒精。"你们没劝阻他吗？"贾站长的问话中，多少带着责备。"劝了，可根本没用！"后来，普托夫躺到了地上。起初，他们以为这样醒醒酒，就过去了。没想到过了三四个小时，普托夫还是一动不动，而且连呼吸也没了，这才意识到出大事了，连忙去报告了站长。听到这里，我就觉得心里五味杂陈。"太可惜了！"我在心里叹道。

当我们回到小广场的时候，这里已聚集了一百多人，不仅有苏方的度夏队员，还有从苏联考察船上赶来的人员。大家都默默地站着，即便有人说话，也尽量压低嗓音。很快，在我们的左侧，出现了那个令人悲伤的一幕。四个进步站的大汉，用两根近三米长的白色绸缎，横着从底部兜住棺椁，把两端挎在脖子上，就这样抬着普托夫，步履沉重地向我们走来。人群开始躁动。棺椁的右侧，走着阿乐，她两手托着我方的花圈。花圈直径两尺，两条挽带上写着："沉痛悼念普托夫同志。中国中山站全体同志敬挽。"

这时，人群的前面，已摆放好一个大的方桌，棺椁被放到了上面。棺椁不大，很精致，呈六边形，大红色。盖子被拿下，白布撩开一半，露出了普托夫的遗容。人群马上呈一个扇面，半围了过去。看上去，普托夫非常安详，头发梳理得很整齐，胡须像被刚刚刮过，很干净，只是面色苍白。我仔细打量着他，高高的眉骨和鼻梁，深陷的眼窝，瘦削的脸颊，我相信就是在苏联，他也算得上是一位美男。只是不知道，此时他在国内的家人，是否已闻知了他的噩耗。

对普托夫，我所知不多。只听说他是圣彼得堡（前列宁格勒）人，时年32岁，是一名牙医，育有两个孩子。他的前妻是华裔。他喜欢中国文化，对中方队员非常友好。出事的这年，已是他二赴南极。当时，苏联这个曾经令人敬畏的帝国，已经走到了末路，国内动荡，民生凋敝。这些，也全都反映到了其在南极的考察站。站上供应日差，队员情绪低落。因此在与中方队员交流的时候，普托夫多次流露出对现状的不满，和对中国的羡慕。

这时，司仪宣布悼念仪式开始，人群安静下来。陆续地，有十几位苏方人员自由发言，有男有女。他们讲话的主要内容，可以归纳为这样几点：第一，普托夫是一位好人；第二，他工作积极努力；第三，他乐于助人；第四，愿他的灵魂早日升入天堂。有半数的演讲人，在发言的过程中，几度哽咽，但都是很快克制住了自己的情绪。我方也准备了悼词，但显然，对方并未作出这样的安排。待发言结束，就要盖上棺椁的盖子时，人群中忽然走出了一位苏方女性队员。

她个头不高，穿着一件黑色大衣，眼含热泪，走到普托夫的跟前。她先用手抚摸他的面颊，然后轻轻地吻了他的额头。人群中有人开始哭泣。这时，停在一边的一辆履带式运输车忽然发动，巨大的轰鸣声异常刺耳。棺椁被抬上车后，履带车缓缓驶出站区，众人则静静地跟在后面。

走出站区，爬了一个很陡的长坡后，我们来到了一处较平坦的山头。墓地就在这里，墓穴早已挖好。司仪又讲了一番之后，棺椁的盖子被钉死，棺椁被放入墓穴。在场的中苏两国人员，或者用铲，或者干脆用手，把周围的土放进穴中。然后，又搬过来一个长两米，宽和高各一米的绿色金属箱，压在了墓穴之上。中方的花圈，捆在了绿箱的顶部。两国人员，又一人搬起一块石头，放到了箱体的四周。我注意到，在下葬的过程中，有两名苏方人员一直在不停地打着信号枪。随着枪体不断地冒出一缕缕青烟，一对对白色闪亮的光体随着"刺——""刺——"的声响，一次次地射向高空。我猜想，普托夫很可能曾经是位军人。因为下葬鸣枪，这是军队才有的礼仪。不过，也许按照他故乡的标准，刚才所有的一切，都是简陋的，但一切，又都是认真的。作为一名普通人，在这蛮荒的所在，普托夫已备极哀荣。

人群散去，但有两位苏方队员，原地未动，她们在默默地流泪。我也久久伫立，思绪逐渐清晰起来。酗酒固然可怕，但国家动荡，家庭不幸，加上极地度日艰难，都可能是普托夫内心深处幻灭的诱因。这时，我已从刚才的压抑中摆脱出来，目光扫向四周。向北看，是白茫茫的海冰。向南望，则是一望无际的南极冰陆。我猛然觉得，普托夫的死，更像是选择的结果。他厌恶了人世上的一切，宁愿把自己，永远地托付给这纯粹、超然的世界。

一小时后，我们回到了进步站。按照主人的要求，我们每个人都吃了站上特意准备的面包和火腿肠，喝了伏特加。据说，这是苏联的

四名壮汉抬着普托夫向人群走来。走在棺椁右侧的是举着花圈的阿乐。

人群在吊唁普托夫。

习俗，意在不忘故人。

七年后，在1997/1998年度，我随中国南极考察十四次队，再赴南极，又来到了中山站。50天忙忙碌碌。临行的前夕，我终于抽出时间，要独自了却一件心事。此时，苏联已解体，俄罗斯正苦苦挣扎，进步站被关。但对我来说，这些都不重要。重要的是，我要去看望一位老友，虽然在他活着的时候，我们从未谋面。

我再次爬上了那个陡坡，来到了普托夫的墓前。正值一场豪雪过后。洁白的雪，盖住了普托夫的墓，也埋葬了一切。辽远的大陆，万物归一。我仿效着当年的做法，搬起了一块重重的石头，放在了墓边。

"老兄，不会忘了你的，我们都是南极人！"我在心里对他说。

13 /
野外科考

一天，我与阿宏正在冰盖协助冰川组作业。忽然一阵风起，接着就是漫天大雪，能见度很快从几百米，下降到只有几十米。由于天气骤变，而且短时间内看不到好转的迹象，于是我们决定撤回驻地。刚一进门，就听见站区正在用甚高频电话和短波电台，同时呼叫冰川组与地质组："冰川、冰川，我是中山，听到请回答！""地质、地质，听到请回答，听到请回答！"声音很是急切。

发生在1991年2月1日上午的这一幕，非常经典。在南极，绝大多数的科学考察项目都在站区进行，安全系数很高。只有野外科考，由于南极变幻莫测的天气，随时会危及考察队员的生命，因此牵动着大家的心。七次队时，中山站这一年的野外考察，共有冰川、地质和测绘三个大项。其中冰川和测绘，是首次开展，地质则是首次把考察范围扩大到了中山站所在的米勒半岛以外。

这时，风越刮越大，雪越下越多。训练有素的冰川组队员，知道事关重大，立即加入了呼叫："地质、地质，我是冰川，听到请回答，听到请回答……"由于地质一直没有应答，两组呼叫的嗓门越来越大。终于在一刻钟后，地质有了回应。他们问明了情况，及时后撤营地，大家悬着的心，才算落地。

就在这一情况发生的数日前，我加入到冰川组。但由于气象恶劣，一开始，我们只能龟缩在营地。这个营地，是组长钱嵩林精心挑选的。

它是苏联进步站机场的一个候机室，由三个集装箱组成，就位于冰盖的边缘。每天早上 5 点钟，钱嵩林都像上了发条的钟一样，准时醒来，穿着衬裤，打着寒战，走到窗前瞭望，然后又钻回被窝，扫兴地说道："继续睡！"一听，我们就知道是能见度太低，仍无法作业。

钱与冰的不解之缘已有15年。1983年，他受南极办派遣，到澳大利亚凯西站工作一年，更加迷上了冰。三次队他如愿以偿，担任越冬队队长，对临近长城站的达尔逊岛冰帽进行了考察。但他朝思暮想的，仍然是这块神奇的大陆冰盖。钱有一个三年设想，但他这年的任务还只能是准备性的工作，包括熟悉情况和在三个剖面上布点定位。

冰川考察一向具有魅力。他们首先在露岩测绘点上取得基准点，然后开始向一望无际的冰盖深处挺进。在每一个目视极限处，插上一根标志杆，上面标有日期、剖面和序号等。白茫茫的冰原一片死寂。驮载他们的是一辆大马力红色雪地车，车两边的黑色履带宽达1.5米，远远望去，形同巨大的机器人。还有一辆轻巧的雪地摩托，时速可达60公里，方便人员往来。由于每根标志杆都被标明了高度和坐标，当来年他们回来的时候，即可观察出冰盖的移动和冰雪的积累。

此外，他们还有一件重要的工作，就是通过打一深钻孔取冰样，然后将封存好的冰芯带回国内，再作出氧同位素、微粒含量和碳同位素等的深度化学分析，结果将使人类更全面地认识环境对南极的影响，以及南极冰盖对地球可能的利与害。于是，就出现了有趣的一幕。那天，他们用冰钻打了一个深孔，取出了冰芯，包装好准备带回站区。由于冰芯稍长，截掉了一块，于是我便拿过来，一边说着"我尝尝什么滋味"，一边张大嘴去咬冰芯。这时，老钱忽然很急地喊道："慢着！慢着！"我被吓了一跳，赶紧停了下来，问他怎么了。没想到他慢悠悠地说道："我是让你慢点吃。知道吗？你可是在吃历史啊！"他一说完，在场的人都大笑起来。

原来，南极冰盖的特色之一，是它由层层积雪在表面堆积而成，

记者在采访冰川作业。

底部最老，顶上最新。深入冰盖内部，犹如上溯历史。据资料，南极冰盖大约形成于1000万年前。到七次队的时候，当时人类钻探最深的记录有2202米，是苏联人创造的，冰样资料对应的时间应有几十万年。所以，我那一口下去，说不定就真的"吃"了好几年。

中山站所在的拉斯曼丘陵，由三个稍大的半岛组成。中山站在米勒半岛，往西依次是布洛克尼斯半岛和斯托尼斯半岛。那天站区之所以急着联络地质组，是因为斯岛距站区最远，有近20公里，而地质组就在斯岛。地质组由四人组成。组长是刘小汉博士，时任中国科学院地质研究所南极室主任。准确地说，他们这个组，由地质与地貌两部分考察组成：地质这块，有三个人；地貌，则由来自中科院地理所的李栓科负责。地质的课题是"陆壳演化及矿产资源调查"，地貌的课题是"一万年以来南极地区自然环境演变"。为此，他们每人手持一把地质锤，就像一个搜索队一样，从这个山头，再搜到那个谷底。登岛不久，他们就发现了一处苔藓，这给站区带来一阵兴奋。很快，他们又发现了一批好的岩石标本。通过观察这些标本，即可初步认定这些岩石的成分、构造，以及它们在空间上的分布规律，然后还要运回国内，再对其进行物理和化学方面的进一步分析。

然而，对地质考察来说，从一开始就出现了某种变故。他们原本打算用三年时间，完成拉斯曼丘陵这三个半岛中两个的地质填图。令他们没想到的是，就在七次队上站的第二天，澳大利亚戴维斯站正在劳基地的人员，就很友好地送给了他们一张已经填制好的地质图，该图是1：25000的，覆盖了整个拉斯曼丘陵。也就是说，中方正准备做的事情，澳方已经完成了。这只能说明，在东南极的拉斯曼丘陵，中、澳、苏三方在地质考察的某些领域，存在着明显的竞争。此时对刘小汉来说，已别无选择。他果断地作出了调整，将我方的工作重心，放在了填制中山站地区的大比例尺地质图方面，以及对澳方地质图的修正上。当然，还有对矿产资源的调查。

　　地质组出野外没几天，就被一场大雪赶了回来。不过他们也顺便带回了两个"趣闻"。一个是在斯岛没有住所，他们是在一顶帐篷内过夜，全靠每个人的睡袋。结果，不知道哪个环节出了问题，身高1.84米的李栓科，睡袋却长不过肩。在这样的冰天雪地，这是大事。好在大家想了很多办法，好歹堵住了两个肩膀上的漏洞。另一个发生在"大侠"毕传学的身上。他在回来的时候，臀部明显地多了一个洞。原来，这是他们在返回途中路过一个雪坡时，"大侠"为了不再绕远，下滑所致。"大侠"人缘好，走进站区的时候，是人见人问，"大侠"也全部据实以告。别人笑，但他一脸严肃。后来我想，"大侠"宁愿滑下，既因为他潇洒豪爽，追求刺激，同时也说明，这几天地质组走了太多的路，是太累了所致。

　　在这三项野外科考中，我最早跟的是测绘。1月27日上午10时，我们一行九人，在武汉测绘科技大学陈春明等两位副教授的带领下，扛着脚手架、经纬仪和红外测距仪，共在两个导线控制点，观测了一个方向的水平角和高度角。这标志着野外测绘工作的正式开始。

　　大地测量是研究地球形状、大小及精确测定地面点位坐标的一门科学。中山站的地理坐标就是由武汉测绘科技大学的两位老师测定的。有了这个坐标，再借助其他手段，就可以准确地测量出中山站与北京的距离，是12553.160公里。那一年的任务，是要拿出站区周围约30平方公里的测量图。这时，南极大陆边缘山地，依然散布着大面积积雪和雪坎，还有数处冰雪融化后形成的湖泊，清澈见底，饮来略带微甜，令人回味起矿泉饮料的味道。

　　我们带足了饼干和水果，午饭时还有意取来冰雪助餐。登高四望，蓝天褐土，白雪湖光，使我们这些初到者大饱眼福。尽管一天行程仅有六公里，但由于山势陡峭，且多为松散的雨淋岩，陈老师一路上颇为紧张，不断提醒我们要注意安全。老陈的兄长风范，很让我们感动。但令我们印象最深的，还是他接人待物时的一丝不苟。比如，

测绘人员在工作。

你要向他请教一个测绘方面的专业问题，他会非常认真地给你解答。有时，你听明白了，但他感觉解答得还不够清楚，过了半天，他还会再给讲上一遍。不过他的这种严谨，也造成了七次队的一个不大不小的"悬念"。

一天下午，我们几个年轻的队员奉命到站外办事。按照队里规定，外出的时候，要携带对讲机。对讲机有一个特点，就是说和听分开，或者是说，或者是听。这就要求说话的人，在说完一段话后，必须说一声"Over"，这样对方就知道轮到自己说话了。关于这一点，队里强调过多次，但还是闹了不少笑话。队里有多部对讲机，没事的时候就都处在守听的状态，它们就像一个移动的网络，四面八方可随时互通信息。

我们走着走着，原本一直安静的对讲机里，突然传出了一声"Over"，然后又沉寂了。大家很奇怪，这是谁啊，怎么莫名其妙地单单冒出一句"Over"呢？反正路上没事，于是大家就开始乱猜。这时，有个队员实在忍不住了，就笑着说道："别猜了，一定是老陈！"为什么呢？原来，上午他跟着陈老师去搞测绘，收工的时候，陈用对讲机跟谁说过话，说完了真就没说"Over"，这名队员还注意到了这点。至于现在，他用肯定的语气说道："一定是老陈忽然想起来了，他是在补上这句'Over'，虽然已过了几个小时！"

后来，我向老陈求证此事。他很严肃地告诉我，不是他。我相信老陈的话，因为以老陈的水平，他完全懂得过了几个小时再说句"Over"，是于事无"补"的。但我想，大家之所以会相信是他，是因为他的身上，有中国那一批知识分子执着、负责任的生活态度。而这，恰是我们民族最可宝贵的性格。

14 /

越冬报告

南极的故事很多，但最精彩的，是越冬，被人所知最少的，也是越冬。七次队和十四次队我两赴南极，在中山站和长城站先后采访了三任越冬队队长。我发现，不同的地方，或是同一个地方由于时间的变迁，都是精彩有同有异。通过他们的讲述，或许能使您对南极越冬，有所窥见。下面我按照时间先后，记录下这三次的采访。

第一次采访的时间，是在1991年1月。在经过繁忙的交接班之后，时年51岁的董兆乾，终于卸去了中国第六次南极考察中山站越冬队队长的重担，并与他的19名队友一道，编入了七次队。在他刚刚搬出来的站长室，他对我回顾了那322天与世隔绝的难忘岁月。

他介绍说，当去年（1990年）2月26日，六次度夏队撤走之后，在整个拉斯曼丘陵，就只剩有这20名炎黄子孙。由于邻近的苏联进步站没有越冬，澳大利亚的戴维斯站又远在百公里外，因此能见到新面孔，已成为每个人心底的一种渴望。中山站位于南极大陆本土，自然条件极为恶劣。据站上统计，在过去的一年中，六级以上的大风天气达241天，最大风速达到每秒43米，而12级台风的速度，也仅为每秒32.4～36.9米。大风所过，房栋抖动，加上被风扬起的冰块和碎石的撞击，心境孤独的队员常常夜不能寐。由于风大，越冬期间整整用坏了15面国旗。他们还经历了150多个降雪天，五条大雪坝，自东向西横贯站区，最厚处达3.8米。由于暴风雪频繁，站区能见度经常下降到几乎为零的程度。严寒压迫着每一个试图走出室外的值班队员。他们记录到的最低温度为−36.4摄氏度。

但这20条汉子，没有让亲人们失望。他们保证了发电、供暖、余热利用和上下水系统的正常运行，坚持每日在规定的时间，向墨尔本世界气象中心发出气象预报，向北京报去平安。他们完成了13项高空大气物理和气象科考项目的观测，以及建筑物的内装修和部分改装任务。

"各司其职，互相支援"，成为这里的天条。当50多天的极夜到来，他们开办了英语口语学习班，并以最大的乐观情绪，组织了乒乓球、排球、象棋和扑克的比赛，迎来了一个个充满温情的盛大节日。在七次队到站前夕，他们把站区里外清扫一新，然后悄悄在科考栋打起了18个地铺。老董说："这是五次越冬队，高钦泉老队长他们留下的传统。"

最后，老董请我转达对所有越冬队员家属的致意。他说："我愿告诉所有的队员家属，工作是艰苦的，但你们的亲人是健康、愉快的。我感谢你们在自己既有工作，又承担了全部家务的情况下，对考察队员和我工作的支持。在春暖花开时节，我们回到国内港口的时候，我希望能在码头上见到你们！"

第二次采访的时间，是在1997年12月。被采访人是中国第十三次南极考察长城站越冬队队长龚天祯。他告诉我说，长城站这一次的越冬，共15人，来自七个单位，年龄最大的60岁，最小的30岁；时间从这一年的3月15日到11月15日，共计245天。

这是龚在长城站的第二次越冬。他说，越冬在他的印象里，就是风大、雪大、寒冷、孤独，既看不到国内电视，也听不到国内广播。这一年，记录到的最低气温是−19.5摄氏度，最大风力超过12级，而且连刮三天，把短波通讯直径一厘米的铜质天线刮断，使长城站与北京的通讯停止一周。风力减弱后，队员要顶风爬上18米高的天线塔抢修。

刮风必有雪。风雪交加最甚的时候，能见度只有数米。因此从越冬开始，长城站就像所有在南极的越冬站一样，在房栋之间用粗绳连接，以防人员走失。站区从4月开始积雪，厚度达3～4米，到10月开始融化。一般情况下，队员外出必须三人以上同行，要经过站长批准，而且要携带对讲机。

由于多种原因，在长城站所在的乔治王岛，有九个国家在这里扎堆建站。于是从中国南极考察的第九次队，也就是1992/1993年度开始，在该岛的越冬队之间，开始有了一个名为"冬季奥运会"的比赛，项目就是篮球和排球。比赛时间，定在每年8月的第一个星期一，赛期两天。参加的国家包括乌拉圭、俄罗斯、智利、阿根廷、韩国和中国等。抽签和比赛都非常正规。到龚站长这一届，长城站只拿到了篮球的季军，并与阿根廷站并列排球的最后一名，乌拉圭则囊括两项冠军。赛后，主办方会举办招待会，物品由各站自愿赞助。有趣的是，鉴于篮球、排球均非我之强项，长城站曾提出要加入乒乓球项目。但由于只有韩国站赞成，只好作罢。

这一年，长城站主要的室内观测项目，包括气象、地震、地磁和电离层等，日常的主要工作，就是对站区房屋、车辆、仪器设备和发电设施进行维修保养。为了充实越冬生活，站上到了"五一""七一"和"十一"，均开设了乒乓球、台球、扑克牌、象棋和麻将的比赛，而且都有预赛和决赛，每个项目都取前三名，并要求每人至少参加一个项目。为此，站上提出的口号是"贵在参与"！与中山站一样，长城站也有多达700多部的录像带，看录像是队员打发时间的主要方式。他们最爱看的录像是《春节联欢晚会》，最爱听的歌曲，则是"邓丽君"。此外，站上除了站长，每人都被起了雅号，包括"企鹅""贼鸥""花韩"等。让人不可思议的是，还有人叫"下水道"，而且这一叫，就是南极的一个漫漫冬天。

中山站的六次越冬队全体人员合影。

在二赴南极之前，我曾看到一份材料，称南极对人体生理的影响，主要是免疫力下降，而对心理的影响，主要发生在越冬期间。在心理方面，中国的科学家发现，队员心理上的变化相当明显。特别是越冬期间，32%的队员性格会有所变化，情感易冲动和易急躁。据分析，这与南极的超静环境直接相关。超静是指环境的单调和寂静，缺乏生活中人体已经习惯的必要刺激。人在这样的时候，容易性情暴躁，惶惶不安。心理学家把这种变态心理称为"室内热"，"热"的程度则因人而异。而参加过越冬的一些老队员告诉我，造成越冬队员心理变化的，还有一个重要原因，就是孤独。超静的环境无法改变，那么孤独，能不能战胜呢？于是在十四次队时，我对中国第十三次南极考察中山站越冬队队长糜文明和一些队员的采访，主要集中在如何战胜孤独这方面，时间是1998年2月。

糜站长首先给我介绍了开始越冬时的基本情况。此次越冬，是从1997年2月16日至12月15日。这期间，雪下了几十次，站区的雪坝高达五六米。他们记录到的最低气温，虽只有零下30多摄氏度，但由于"冷在风里"，遇上每秒40多米的大风，会使许多队员丧失行走十几米到厨房吃饭的勇气。

很快，孤独就来了。越冬几多思乡事，都随风雪到心头。每到想家的时候，这时最想找生人去说说话，因为熟人都说过了。"可就这么22张脸，看都看腻了，也就不想说了，"越冬队管理员夏立民说。人原本就怕孤独，越冬更是如此，而像中山站这样自然条件恶劣，又"独门独院"越冬的，孤独更是如影随形。可怕的58天的极夜又很快降临，人不宜外出，强烈的心理屏蔽，会极大地强化孤独感。

于是，开始的时候，他们也作出了很精心的安排，包括打乒乓球、打麻将、打扑克，但讨厌的是，什么也有个够。都玩腻了，又该怎么办？可贵的是，他们很快发现，关键是要有战胜孤独的信念。比如打乒乓球，打来打去水平也就这样了，打得好的和打得差的，都容易懈怠。于是，队员们改用左手打，这样，所有的人就都站在了同样的起跑线上，整体的新鲜感就会持续很长一段时间。

他们还在站区东面和西面的海面上，举办了两次足球对抗赛。为了把赛事搞得隆重、热烈、有吸引力，他们想了很多办法。比如，这时海面上还有一层积雪，边线干脆不用人力去画，因为那样"太业余"，而是一定要用雪地摩托车跑出来。球门的立柱和角旗的立杆，都要插在冰洞里，那冰洞就不能用人刨，因为"不专业"，而是要用专业的机械打。球出界了，也不能用人去捡，而是由人开着摩托去追。为了让更多的人参与进来，还规定除了要有裁判和观众外，双方都要有替补队员。总之，事情搞复杂了，"掺和"的人自然就多。

十三次队越冬，中山站多了两个非常规科考项目。一个是李植生教授的"湖泊生态环境研究"，一个是副站长陈波的"海冰区的生物过程以及碳通量研究"，两个项目都在野外。前一个要在整个半岛的四个湖间经常转悠，后一个则在内拉峡湾内定点作业。据陈波介绍，他的这个项目，是一项全球计划的一部分，事关全球温度变化，在南极科考中属热点课题。他的观测与研究，的确很辛苦，但依他的性格，一个人干，也完全拿得下来。然而整个越冬的几十次作业，每次他都要带上一两名"助手"。表面上看，是他给大家找了麻烦。而实际上，他在减轻了自己负担的同时，作为副站长，他也给队员找了事做。两全其美，何乐不为呢？

战胜孤独，其实关键在于调整心态。心态顺了，事情自然就多了起来。厨师，被公认为南极越冬的"第一人"，因为民以食为天。大家都夸厨师刘德福好，一是他的厨艺好，二是他的心情也老是那么好。怎么个好法呢？先说厨艺，一般做豆腐要四个人，可他一个人就全包了。再说心情，饺子煮好了，他不让吃，而是坚持再给大家煎上一遍。这样的服务和这样的心态，都是有感染力和号召力的。还有管理员夏立民，到我所在的十四次队上站，还能吃上由他管理的鸡蛋。

一年多了，何以就没有"坏蛋"呢？原来，他听说蛋黄一沉底粘壳就容易坏，于是他接手18000个鲜蛋后，就坚持十天倒一次蛋，从不间断，直到十四次队来。他俩都说："忙还忙不过来呢，哪儿有时间去孤独？"

正因为越冬艰难，所以每一次度夏队的撤离，都成了一次难舍难分。我至今记得，七次队撤离时那感人的一幕。"极地"号船，拖着沉重的步履，以一节的速度向北缓行。当船站之间，用短波电台和对讲机举行告别仪式的时候，雪花，在飘落。驾驶台，一片肃静。

数百米外的中山站区，全部越冬队员都集中在餐厅，含泪守听。1991年2月27日当地时间的17时35分，魏文良船长在呼叫后高声宣布："贾站长，所有越冬的同志们，七次队全体人员现在向你们告别！"一声汽笛长鸣，所有在场的人无不动容落泪。魏船长接着说道："祖国亲人不会忘记你们，在南极大陆的拉斯曼丘陵，还有我们20名中华儿男。你们要与风斗，与雪斗，与极夜斗，你们将付出极其巨大的代价，为中国的南极考察事业，谱写新的篇章。再见了，同志们，保重——"这时电台里传来的，已是一片哭喊之声："再——见——"随着又一声汽笛长鸣，"极地"号船开足马力，驶向北方。

在当日的报道中，我最后写道："再见，亲爱的战友们。我们将把你们的心事和牵挂，带给你们的亲人。再见，亲爱的兄弟们！"

15 /
危水险地

两次南极之行，朋友们问得最多的问题之一，就是南极到底有多危险，到底有什么危险？根据我的观察、经历与了解，我简单归纳了一下，大概包括如下情形。

一是火灾。记得七次队刚上站没几天，我的一位队友，就因为把一些纸质资料放在了电暖器上，违反了规定，受到了非常严厉的训斥。起初，有些队友还暗地为他抱打不平，觉得队上有点小题大做。但很快，在南极大陆待的时间长了，就明白了队里的苦心。

原来，南极有一个最坏的组合，构成了形成火灾的最好"温床"。一是干燥，二是风大。先说干燥。实际上，南极大陆是世界上最干燥的大陆。它的年平均降水量仅有30～50毫米，而且越往内陆，降水量越少。到了南极点附近，就只有3毫米了。其降水量之少，空气之干燥，甚至超过了撒哈拉沙漠，被称作"白色沙漠"。再说风大。经过多年的实地气象观测，证实了南极大陆沿海的风力最强，平均风速为17～18米/秒。特别是中山站所在的东南极，这一带海岸的风力最强，风速可达40～50米/秒，被称为风暴海岸。在这样的气象条件下，站区一旦失火，那就是火借风势，风助火威。这个时候，不要说南极没有高度专业的消防力量，就是有，也是束手无策。历史上，澳大利亚的凯西站和戴维斯站、阿根廷的马兰比奥站、苏联的东方站、日本的昭和站、智利的马尔什站，都曾经因为火灾发生过房毁人亡的惨剧。因此在南极的各国考察站，都把防火作为头等大事。

二是冰裂隙。南极冰盖，广袤无际，从沿海到内陆，散布着无以计数的裂隙。这些裂隙，无论对人员行走，还是车辆行驶，都构成了巨大的威胁。从中山站上冰盖，就要途经两三条冰裂隙。每次，我们都是宁可绕过去，也不愿冒险一跃。由于冰盖的流动，这些裂隙随时在发生着变化。另外，由于表层冰雪的遮挡，也使得很难准确判断裂口的宽窄。当然，对人类活动构成致命威胁的裂隙，大都存在于冰盖的内陆。20世纪90年代，刘小汉博士曾两度率领考察车队，对距中山站约460公里的格罗夫山区进行了深度考察。回国后，在他接受媒体采访时，讲述了这段经历。

据刘称，穿越格罗夫山，冰裂隙是最大的危险，它是每个穿越者可怕的梦魇。冰盖厚达2000多米，冰裂隙则是"深不可测"。它的宽处就像一条大峡谷，窄处则几厘米到几百米不等。对于车辆和人员来说，冰裂隙的最大危险，是它的直上直下，一旦坠入，是"绝无生还的希望"。因此，近些年中国在南极大陆腹地，又千里迢迢先后建成了昆仑站和泰山站，仅就克服冰裂隙这一点来说，就经受了严峻的考验。

三是浮冰。一般说来，南极的面积约有1390万平方公里。到了冬季，随着气温的变化，海冰会逐步向北扩展，使得南极的面积达到3000万平方公里，与非洲的面积大致相当。而每当夏季来临，海冰又会逐步缩小，这时，围绕整个南极大陆，就会出现一圈的浮冰，这是南极夏季的一大景观。但由于浮冰的不确定性，对人类活动就构成了一定的威胁。对此，我有过两次直接的经验。这两次，都发生在七次队。

一次，是我们乘坐苏联的直升机上站。为了便于直升机的升降，"极地"号船专门靠在了一处大的浮冰边缘，让准备乘机的队员下到浮冰上候机。不料，看上去很坚固的浮冰，突然开裂。幸亏发现及时，狼狈不堪的十几位队员，迅速回船，险酿事故。

另一次，就发生在那场"浮冰卸油"的战斗中。在那一篇中我曾写道，共有三人落水，而其中落水最深的，是队友石承军，我们都叫他"石头"。多亏"石头"当时穿着救生衣，海水只淹到了他的胸部。据他事后讲，落水后，几秒钟的工夫，水就浸透了衣裤。由于此时南极海水的温度，平均在-1.8摄氏度，很快，他的四肢就开始麻木。他几次想凭借自己的力量，爬上浮冰，但根本做不到。若不是队友相救及时，真可能会出危险。因此，我两次去南极，不擅自上浮冰，这在事实上成了队里的"天条"。

四是天气。在南极，每一次远距离外出，都要事先征询气象班的意见。那么，这种意见的权威性到底有多大呢？一次，我就此向中国南极考察的元老、六次越冬队队长董兆乾请教。他讲了这样一番道理。以当时中国的情况，全国大概有3000个县，就按每个县有一处气象观测站来算，当时中国的气象预报水平，也只能说差强人意。那么，南极的面积是中国的一倍半，却只有区区20几个气象观测站。如此说来，天气预报的水平，又能怎么样呢！况且，南极的气象，又远比国内的多变。总之，你要外出，气象班不让你去，你一定不要去。气象班同意你去了，你也要随时做好应对复杂气象的准备。事实，果如老董所言。

七次队时，为了给日后的冰盖考察探路，队里安排一辆履带车，载着我们几个人，向冰盖深处前行了八公里。不料，刚才还是晴空一片，转眼间冰雪飞舞，遮天蔽日，气温骤降，能见度几乎为零。这是典型的雪暴天气。这种天气，历史上不知夺走了多少南极考察队员的生命。这时候，如果有人说"伸手不见五指"，那是瞎话，但真的也不过是伸手"只见"五指。在南极，无常的天气，是考察的大敌。所以我们严格按照队里的有关规定，放弃任何努力，静待这个天气系统的消亡。果然，两小时后，天逐渐放晴，我们也顺利返还。

就在我们这件事情的前一年，在1990年1月15日，中国第六次南极

俄罗斯青年站的墓地群。

考察队长城站冰川组的三人，在距离站区28公里的柯林斯冰帽上进行考察时，突遇36米/秒暴风的袭击。大风连续刮了三天三夜，帐篷被大风撕碎，人没有了躲避之处。但他们咬紧牙关，与大风周旋，终于等来了长城站及友邻站的救援，避免了一次人身事故。此事在当时，曾惊动了国务院领导。

五是西风带。其又称暴风圈，位于南北半球的中纬度地区，是赤道上空的热空气与极地上空的冷空气交汇的地带，非常容易形成气旋。经常是一个气旋未走，另一个气旋又来。这里常年刮偏西风，风速很大。在北纬40～60度之间，因多被陆地阻隔，海上风力遇阻，风速会降低很多。而南纬40～60度之间，几乎全部为辽阔海洋，表层海水受风力的作用，产生了自西向东的环流，而且浪高流急，终年浪高在7米以上，据记载最大浪高可达30米，故对船只航行形成了巨大威胁。

我在"大洋搏击"一篇中，曾讲述了七次队返航途经西风带时，遭遇强气旋袭击而九死一生的经历。其实不仅七次队，首次队大洋调查抗强风，三次队环球航行遭恶浪，也都是有惊有险，虎口脱险。而他们共同的老对手，都是西风带。可以说，在现有航行手段的前提下，西风带，是所有乘船奔赴南极的人们心中，永远的痛。

最后一项，是在南极还有一种"危险"，就是你可以出工伤，也可以得病，但不能超出全队唯一队医以及所有医疗设施和药品加在一起所具有的医疗能力。否则，等待你的只有灾难。

十四次队时，我干活不慎腕部受伤，整个腕部关节多日疼得动弹不得。这是我两赴南极，度过的最为艰难的时日。我这才发现，原来人的两只手，在生活中是有明确分工的。平时右手干的事儿，猛地让左手干，还真的是力不从心。比如便后擦屁股这点事，用惯右手了，乍一换左手，开始的时候，竟连地方都找不着。我当时心里很急，但限于条件，能得到的最好治疗，就是每天涂抹"扶他林"，不过疗效

紧张的工作之余，队员们在称体重。

甚微。

　　回国后，我曾看过北京的几家大医院，却总也看不好。后听从朋友的建议，来到北京的骨伤研究所，遇到了一位姓朱的副教授。他反复检查后告诉我，我手腕的伤情是"三角骨破裂"。他打趣地说道："不是'扶他林'不好，而是光用它肯定不行！"后来打了一年的活动石膏，用一种特殊的中药洗了一年，方才基本治愈。

　　事实上，愿去南极，至今都是很多血性男儿的坚定选择。但又有谁能确切地知道，他们所承担的个人风险呢？

　　他叫陈志雨，长得眉目清秀，当时是北京同仁医院外科的主治医师，发病的这年39岁。作为中国南极考察六次越冬队的队医，越冬期间，他治愈了队友各种各样的疾患。谁也没有料到，恰恰是这位"天使"，却鬼使神差地得了一场全队最严重的疾病。那是在1990年11月22日，是我们七次队出发前的整十天。

　　这天下午，他开始头疼，全身发冷。经验告诉他，自己在发烧。于是他便给自己开了感冒药。但从第二天起，头疼加重，痛得如刀割一般，并且一下烧到了39度。因为没有感染灶，尽管疗效不好，他也只好继续按感冒治。到了25日的凌晨，病情没有丝毫的好转，他担心这样下去要出问题，便找来队上的后勤班长秦为稼，想让队里与澳大利亚的戴维斯站联系，请该站的医生过来帮助诊断一下。每天的这个时间，中山站都要向戴维斯站发送气象资料。

　　这时，陈志雨有了第一个幸运。因为在11月7日，澳方的"南极光"号破冰船，已将直升机运到了戴维斯站，这使得大胡子的皮特医生在当日8时即飞到了中山站。也就是说，陈志雨的发病时间，不是在漫漫冬季，而是在冬季即将过去，夏季就要来临的关口。只有这个时候，各国的南极考察船才会开始出动，直升机才能到得了南极。

　　皮特医生询问了陈志雨有无发烧病史。陈说起在1975年9月，自己随救灾医疗队去中国的河南省，曾染上过疟疾，并在10个月后发病。因为当时患的是隔一天烧一次的"间日虐"，且无头疼，因此他不能断定自己是疟疾复发。但皮特医生很坚决地建议他飞往戴维斯站，并有些神秘地说了一句："你如果真是疟疾，就好办了！"

这时，陈志雨有了第二个幸运。澳大利亚原本是个无疟疾的国家。换句话说，在正常情况下，即使到了戴维斯站，查出了他得的是疟疾，皮特医生也原本是爱莫能助。巧合的是，正好有一位英籍女生物学家，此时正在戴维斯站研究海豹疟疾。由此，陈志雨又有了第三个幸运，那就是，她还随身带来了治疗海豹疟疾的药。

陈志雨得救了！四天后他返回中山站。40多天后，七次队上站，我得以对他进行了采访，当时苏联进步站的队医普托夫刚刚离世。在采访的最后我问道，如果他的这一幸运链条，其中的某个环节发生了中断，对他来说，结局会是怎样？陈志雨的目光黯淡下来："如果是那样，那拉斯曼丘陵死去的第一个医生，就应该是我，而不是普托夫……"

其实，危险哪里都有，包括国内。但国内的与南极的不同，南极的危险，那是每一名南极人，自愿选择的结果。

16 /

初上冰盖

2009年1月27日，位于冰穹A附近的中国南极昆仑站正式落成。这是人类在南极建立的海拔最高的科考站。由此，假如我的面前，摊开的是一张军用地图，便会看到，有一个粗大的红色箭头，从中山站出发，直插南极腹地。正是在这场驰骋千里的进军中，那个曾经令我们谈之色变的巨大冰盖，已被中国人稳稳地踩在了脚下。

抚今追昔，我感慨万端。这不禁使我想起了20多年前，想起了我们中国人踏上冰盖的初始。那是1991年年初，由于七次队的任务定位已经更强调科研考察，因此这一年第一次上了冰川调查项目。这是中国人首次以正规考察的方式，接触南极大陆冰盖。那时，中国的南极考察事业还很年轻，上过冰盖的人，还寥寥无几。冰盖对我们来说，神秘得有些不可思议。而我们于冰盖，则表现得明显缺乏准备，甚至，还有些青涩。下面我记述的，都很琐碎，但点点滴滴，却是我们真正的心路历程。

到七次队上站，中国人来东南极刚刚第三年，因忙于建站，在冰盖上几无经营。所以对考察队的冰川组来说，要在中山站开展上冰盖的冰川调查，有件难事必须克服：在冰盖上找到一个立足之处。因为第一，如果顺着"道儿"走，站区距冰盖的距离则有八公里多，如果每天往返，距离明显偏远。第二，有了住所，既可便于休息，又可用于避风。要知道，南极的风是能"杀人"的。就为了这件事，组长钱嵩林和组员小陈，竟在巴掌大的米勒半岛，用8个小时来回折腾了25公里。好在，他们看好了一处苏联进步站的候机室。钱告诉我，它就位于冰盖边缘，由三个集装箱组成，门窗都有，东西齐整，连可供做饭的煤气灶都是现成的。"这样，只要进步站同意，问题就都解决了！"说这话时，钱明显地如释重负。

于是，在六次越冬队队长老董的陪同下，他们找到了进步站的站长切巴科夫。一番真诚的解释之后，对方同意了。可不料，刚过三天，再去找对方的时候，苏站的站长换人了，换成了米尼耶夫站长。好在，南极的天条是"有险必救，有求必应"，老话新说了一遍之后，对方照旧同意了。这时，钱嵩林悬着的心，才又一次落了地。

地方找好了，接下来就要搬运物资，细细一看，东西还真不少。先说大件，光油就有两大桶，一桶汽油，一桶柴油。汽油用于雪地摩托，柴油用于发电。还有两塑料桶的煤油，用于取暖器。然后就是部分食品，包括20斤大米、10多斤面条、一箱苹果、一堆饮料、各种调料，还有锅碗瓢勺、灶具、脸盆等。考察用的，则包括一大捆竹竿、冰镐、轻型取样钻等。最后，还有能覆盖几百公里范围的短波电台。可以说，这是中国的南极考察，将人员生存的能力和考察的能力，首次搬到了大陆冰盖之上。

来到东南极的考察队员，心中都有一个梦想，就是能踏上南极冰盖，哪怕只有一步。对他们来说，没登上冰盖，就不能算到了南极。就在冰川组入住苏站候机室的几天后，我也如愿以偿，前往采访。

午饭后，我们一行人乘坐一辆黄色履带车，开始一路向南，朝冰盖的方向驶去。出站区，最先经过的，是已明显老旧的苏联进步站。在南极，不可能有真正意义上的公路。地面上坑坑洼洼，颠簸得很厉害。路上不断能看见木板或金属的路标，其中的一处路标上挂了件衣服，但已被冻成了冰坨。我坐在车的后排，不断地用眼睛搜索着，期待着能早一眼看到冰盖。没想到，过了进步站往右一拐，那个魂牵梦萦的巨大冰陆，竟赫然出现在了我的面前。我的心，一阵激动。履带车驶上了冰盖。离开松软的土路，会感觉到冰面的坚硬。又行驶了几

来自香港的李乐诗和她搭在冰盖的帐篷。

雪地摩托是冰盖上最方便、最快捷的交通工具。

公里，绕过了一片有冰裂隙的冰面，在一个大的下坡处，就到了进步站在冰盖机场的候机室。

下午，我们驱车十几公里，去与正在作业的冰川组汇合。在那里，我先遇到了阿乐和阿宏。阿乐是香港有名的"背着行囊走天下"的奇女子，对南极冰盖，她是心仪已久。阿宏则在台湾《大地》地理杂志社供职，上冰盖这样的报道机会，他是绝对不能错过。在现场，来自浙江电视台的三位同行，正用两架摄像机，拍摄冰川作业的画面。他们中的一位告诉我，他们策划了一个反映南极的系列专题片，其中有关冰盖的内容，是必须要有的。很快，王恩喜和新闻班的班长老王，也来了。大家这才发现，上站后，新闻班的第一次聚齐，竟然是在冰盖之上，可见它的新闻号召力何等巨大。

接着，队上领导又乘直升机飞临冰盖，他们是在巡视各组野外作业的情况。大家在冰盖上相遇，格外亲切，但话题，总是围绕着冰盖，每人都畅谈了各自初上冰盖的体会。大家有说有笑，甚是惬意。聊着聊着，就开始拍照留念，几乎任何人都要与其他所有人留影，幸福写在了每一个人的脸上。记得由于兴奋，许多人都摆出了各种夸张的姿势，我还来了一个空中扑救的动作。我相信，第一次踏上冰盖的感觉，将深深地印在每一个人的记忆深处。

发稿时间到了。我特意站到了候机室旁的一个高处，用对讲机先发往站区，再由报房替我发回国内。**本报南极中山站2月1日电（特派记者张岳庚）**"此时，我在距站区八公里处，通过站区电台向北京发稿，脚下就是令人叹为观止的南极冰盖。今日天阴，雪花飘舞，天地一色。冰势呈波浪状，向南绵延，一望无际。冰川考察组一行四人，从1月28日进驻冰盖边缘的苏联进步站航空点。他们化冰取水，阴伏晴出，已完成了21根标志杆的布点定位工作。目前队员前出为23公里。"稿件虽然不长，但我当时愉悦的心境，可见一斑。

我发稿后不久，就见王恩喜也匆匆挎着他的设备，跑到冰盖上发稿。我觉得新鲜，就跟了过去。只见他端着话筒说道："各位听众朋友，大家好，我是澳广公司的记者王恩喜，我正站在令人叹为观止的南极冰盖上，向各位播音……"我一听就乐了，到底都是华人，对南极冰盖，我们都用了"令人叹为观止"这样的语句来形容，可见是所见略同。

晚饭时间到了。餐桌上有从站上带来的熟肉和30个熟鸡蛋，有10袋饼干和面包，还有葡萄酒，我还跟老队员学着炒了一个土豆肉片。大家边吃边聊，相互敬酒，共祝我们此番登上南极冰盖的幸运。候机室的三个集装箱，每间大约12平方米，共有四张床。所有房间都是木板墙，窗户都是双层玻璃。我看到，每个房间都有一个取暖器，取暖器的上面则放了一个桶，那是用来化冰取水用的。相对简陋的，是它的厕所。其设在进门处，采用的是坐式。用的时候，只要踩下一个机关，马桶下面的两扇板子就会联动掀开，下面就会露出一个旧油桶。但板子和油桶之间，有一米多高的开放空间。因此老队员提醒说，遇上降温或者大风天，用的时候一定要快，否则会很"麻烦"。但是在冰盖的几天中，因为高兴，谁也没有把这个"麻烦"当回事。

不过麻烦的事儿总有。南极的夏季，属极昼时段，天总是亮亮的。上了冰盖，由于冰的反射，阳光更是刺眼。再加上总也遮挡不严的窗帘，这对所有人的睡眠，都提出了挑战。但大家都无怨言，最多用块毛巾盖住眼睛，谁也不愿因这点小事，坏了心情。阿乐也遇到了点麻烦。也许是为了体会来到冰盖后的极致感受，她在集装箱外的150米处，支起了一顶绿色专用帐篷。但帐篷很薄，并不抗风。因此到了夜间，她只能是一半时间在帐篷，一半时间在屋内。

终于，迎来了一个大晴天。我开上雪地摩托，向正南的方向疾驶。两边没有景色，只有风从耳际刮过。虽然给我的指令是不要开得太远，但我还是在不停地加速。此时，我觉得能向南多开一米，仿佛就更能接近南极的真谛。直到我回头，再也看不到其他景物的时候，我停了下来。我站到了一个制高点，向南的方向，极目远眺。这时我的面前，只有两种颜色：头顶，是一大片淡淡的蓝；脚下，是一大块浓浓的白。蓝色与白色，在天边地头交汇。这就是那个硕大无朋的"冰块"吗？这就是那个作为气候发生器的大陆吗？这就是那个珍藏着地球气候千万年秘密的冰陆吗？这就是那个冰清玉洁、纯净无瑕的所在吗……我痴痴地望着，竟在不经意间，进入了物我两忘的直觉状态。

很多读者已经知道，南极冰盖的面积，是中国的一倍半，其平均厚度竟达2000米，最厚处为4800米，它的总体积为2800万立方千米。当越来越多的地方，出现淡水危机的时候，这里却存储了全球90%的冰雪，占地球整个淡水资源的72%。科学家们曾经警告说，随着气温升高，假如南极大陆的冰全部融化，全球海平面将整体上升60米，届时包括纽约、伦敦、东京、上海等在内的各国沿海城市，都将成为一座座龙宫，人类历时数千年创造的文明主体，将毁于一旦。

正因为南极冰盖的巨大体量，它成了地球上最主要的冷源之一。地球上的大气，不是静止的、孤立的，而是流动的、交换的。其流动的总体格局，是赤道上空的大气，受热膨胀后上升，飘向两极。在两极冷却后，再下沉，流回赤道。这样循环往复，形成了全球的大气环流。南极冰盖就是这样，像一个巨大的冰箱，端坐在地球的南端，冷却着从赤道过来的热空气，调节着全球的热平衡。

气候问题，全球瞩目，但它不是始自今日。那么，千百万年来，甚至更长的时间，气候是怎样演化过来的，它存在哪些可供认识和掌握的规律？冰川学家发现，南极冰盖是一座巨大的档案库，它深藏着许多古环境的资料，这些资料记录了上百万年以来气候变化的蛛丝马迹。人类要获取这些秘密，方法就是通过钻取冰芯，然后再借助物理与化学的分析。在此方面，昆仑站就有着得天独厚的优势，那里拥有南极大陆最古老的冰层。据称，中国已从2012年的第28次南极考察开始，在昆仑站进行深冰芯的钻探。将通过数年的努力，力争获得深度达3000米的冰芯，其可包含长达100万年以上的古老气候记录。

我注意到，不论是七次队，还是十四次队，每当度夏任务完成后的撤离前夕，都会有一些由于工作分工，而一直没能与冰盖见上一面的队员、船员，会在顺便的时候，被安排到冰盖上一游，照上几张相，留作纪念。如果说，这还是出于一种对好奇心的满足，那么下面的这些举动，我对它们所具有的意义，至今仍不甚明了。

这是两次队撤离前夕，都出现过的情形。

先是在七次队。在就要离开这块冰陆之前，我就觉得有件很有意义的事情要做，那就是要在冰盖上拍一张裸照，要真的一丝不挂。在那个时代，做这种事情是很难对人开口的。于是找了个空当，我一个人带上相机，向冰盖走去。没想到，走着走着，又出现了一个身影。他是我的队友，一名科研工作者。开始两人还都不露声色，但通过沟通，很快就发现，我们要干的，是同一件事情。不同的是，开始都准备自拍，现在好了，可以互拍。于是，我们两个先后在冰上脱得光光的，以无垠的冰盖为背景，留下了各自最为珍贵，回国后也不会轻易示人的赤身之照。

十四次队这回，是我同四名年轻队员出野外。任务完成后，他们明白无误地向我提出，要我为他们拍"南极裸照"。于是在白晃晃的冰面上，先后出现了四个赤条条的汉子。

我猜想，以这种方式告别南极冰盖的，不会仅仅我们这几个。但我更关心的，是大家这么做所蕴含的信息。当年，在队友按动快门的刹那，我觉得有种神圣的仪式感。而仪式的主题，或许是向往，或许是敬畏，或许是依恋，或许是回归……

或许，冰盖不仅是南极的体，也蕴蓄着南极的魂。

17 /

"通天入地"

　　本报南极中山站 1 月 25 日电（特派记者张岳庚）"赵协中工程师今天中午在站区宣布：'我刚才观测到了太阳耀斑的一次大爆发，时间从 11 点 25 分（北京时间 14 时 25 分）开始，35 分达到峰值！'"这是我当日发回国内的消息的导语部分。发此消息时，我的兴奋，可能不亚于赵协中。南极，由于其得天独厚的地理条件，已成为地球上不可替代的科考重镇。但这一状况，并不为更多的人所知晓。只有通过这类相关性强的事件新闻的报道，才能让广大的社会公众，对南极心生感恩之情。

　　就在赵协中观测的时候，中山站值班话务员正在与北京通话，通信突然全部中断。昨天的一次大规模爆发，也使正在收听澳广广播的王恩喜先生吃了一惊。王先生是澳大利亚广播公司的特派记者，此时正在中山站采访。从 1 月 18 日 8 时以来，赵协中已观测到了 11 次爆发。他预测，从 26 日到 28 日之间，可能有太阳风到达地球表面，届时将会对全球通信及导航定位带来影响。

　　太阳每 11 年为一个活动周期，1991 年是有记载以来的第 22 个峰年。随着太阳耀斑释放出各种能量，首先到达地球表面的，是以光速运行的 X 射线。此后 30 秒至 70 秒之内，可能有带电离子流即"太阳风"的到达。这些物质都会压迫电离层，并影响地球的无线电通信及导航定位等。赵带来南极的课题是"南极地区离子沉降对低电离层影响的观测与研究"。由于地球磁场的屏蔽与导引，太阳每次辐射到地球的带电离子流均被吸收到两极地区，因而，能来南极成了他追寻多年的一个梦。赵协中1964年毕业于南开大学无线电物理系，后转入此研究领域。

实际上，赵的观测与研究，正是一个缩影。它反映的，是南极作为一块科学探索圣地的这样一个基本事实。南极以她巨大的区位优势，正在越来越多地施惠于人类。那么，科学家们到底在南极，做着哪些"惊天""动地"的事情呢？

研究高空大气物理。高空大气，是地球人类赖以生存和发展的日（太阳）地（地球）空间系统的重要组成部分。高空大气物理研究的对象，是从30公里的高空，一直到行星际空间所发生的地球物理现象和物理过程。日地空间环境，因受到太阳风暴的作用，而极易产生灾害性天气，给人类的航天、导航、通信等带来巨大损失。因此该领域的研究、监测和预报，其重要性日益凸显。在日地空间物理研究中，极区的观测与研究占有最为重要的地位。因为极区，是地球通向太空的管道，在那里，地磁场几乎是垂直进出。当太阳风粒子进入地球磁层后，会沿着磁力线沉降到极区的电离层和中高层大气，并同时产生一系列的地球物理现象，如极光、磁暴、电离层暴，及对中层大气的加热和电离等，从而为人类的高空大气物理研究提供了可能。赵协中在中山站所做的工作，就属于这种研究的一部分。

研究古陆变迁。很多人都知道"大陆漂移"学说。根据这一学说，现在的南美洲、非洲、澳大利亚、马达加斯加、印度半岛和南极大陆，在很多年以前，是一块连在一起的古老大陆，被称为冈瓦纳大陆。后来，随着大陆漂移，冈瓦纳大陆解体，分裂成了现在各据一方的样子。该学说一经提出，便轰动了世界。有人支持，有人反对，双方各不相让。那么，既然这些地方曾经是一个整体，它们当时在地质、生物等各方面的情况，就应该是相同的，至少是相似的。于是正反两方，都开始千方百计地寻找证据。经过艰苦的努力，支持的一方，陆续在南美洲、非洲和澳大利亚等地发现了证据。这时，南极就成了一个关键。

结果，南极不负众望，她在人类南极考察活动中，所提供的一系列岩石、化石方面的证据，有力地证明了这一学说的正确。其中最激动人心的是1967年，美国科学家在南极发现了迷齿动物骨骼化石。迷齿动物是地球上最古老的陆地动物之一，生活在大约三亿年以前。该动物的化石也曾在非洲和南美洲发现过。显然，只有这三个地方曾经连在一起，才能解释这一现象。从此，大陆漂移学说才普遍地为人们所接受。

研究臭氧洞。20世纪70年代，英国的科学家首先在南极的考察站上观测到，在南极的上空，臭氧的含量开始逐渐减少，尤其在每年的9～10月，减少更为明显。美国"云雨7号"卫星的进一步探测也表明，臭氧减少的区域呈椭圆形，1985年已和美国整个国土的面积相当。而到了2000年，已相当于四个澳大利亚了。1989年，科学家又发现，北极上空的臭氧层也遭到了严重破坏。此外在青藏高原上空，也发现了臭氧分布稀薄区。

所谓臭氧洞，是指大气圈中臭氧的总量降到最低值的区域，相当于臭氧层的一个塌陷，或者是孔洞。而所谓臭氧层，是指高度在20～30公里的上空，围绕地球的一圈含臭氧量较高的薄层，是地球的一个保护层，太阳紫外线辐射的大部被其吸收。科学家们经研究发现，大气中的臭氧每减少1%，照射到地面的紫外线就增加2%，人的皮肤癌发病率就增加3%。极而言之，臭氧层假若全部遭到破坏，太阳紫外线将会畅通无阻，地球就会成为没有生命的不毛之地。

关于臭氧层空洞的形成机理，目前占主导地位的是人类活动化学假说，即人类大量使用了氯氟烷烃化学物质，如制冷剂、发泡剂、清洗剂等。为此，1987年签订了限量生产和使用氯氟烷烃等物质的

《蒙特利尔协定》。由此，在全球范围内出现了观测、研究臭氧层的热潮。几十年来，数百位科学家被派往南极的考察站，或登上前往南极的考察船，利用南极的有利条件，对臭氧洞进行了全面、系统的考察。我国也早已加入了这一行列。

收集研究陨石。陨石，是从宇宙行星际空间落到地球上的固体物质。人类之所以珍视陨石，首先在于它是相对最古老的岩石。宇宙化学的主要研究任务之一，便是确定太阳系内固体物质的演化年代。有许多陨石的年龄为45亿～46亿年，接近于太阳系行星形成的年龄，而地球上最古老的岩石年龄，大约只有38亿年。其次，当陨石从行星际空间降落到地球之前，在与太阳风、宇宙射线相互碰撞后，在"身体"上留下了有关宇宙空间辐射线和粒子辐射通量的信息。分析化验这些陨石，即可测定陨石的宇宙射线暴露年龄，和陨石落地后的地球年龄，以及行星际空间宇宙射线和太阳风的强度。

陨石的科学价值确实很高。然而地表如此广阔，人类为何偏偏看好南极呢？这包括多方面原因。第一，陨石存量最多。到目前，各国在南极大陆已采集到46000多块陨石样品。第二，陨石在南极"天然冰库"的保护下，免遭大自然的侵蚀和人为污染，保持了它们的原始状态。第三，陨石的地球年龄最长，即陨石碎落到地球表面后保存的年龄，在南极地区与非南极地区，能相差上百倍。第四，也是按照刘小汉博士的说法，南极陨石发现起来相对容易。因为截至目前，不过十几年的时间，我国已在南极采集到12017块陨石，居世界第三位。综上所述，南极是收集和研究陨石的最佳场所。

研究全球环境变化。所谓全球环境变化，是由人类活动和自然过程相互交织的系统驱动所造成的一系列陆地、海洋与大气的生物物理变化，可以给人类带来巨大威胁。从定性的角度说，现在已无人会否定环境在变，而且是往坏的方向变。但从定量的角度，却很少有人能准确地说出，环境到底发生了多少变化。为什么呢？

七次队副队长、地质学家刘小汉在接受采访。

中外科学家在中山站相遇。

因为对一般的人来说，是无从知道环境原本什么样的。这就涉及一个概念，叫作环境本底值，或者叫环境背景值。所谓本底值，是指没有进样时检测器的信号值，也就是无论如何也去不掉的值。人类在来到南极之后才发现，原来，南极是一张没有涂抹过的白纸，这里有着环境中最为重要的一些元素，例如空气和水等的本底值。有了本底值，我们就可以知道，污染到底有多少，而一旦恢复，也就有了参考的绝对值。

例如，中国的气象学家和大气物理学家，在来到南极后采集了这里的大气样品，并进行了一系列的分析。他们发现，南极大气中所含的杂质，如硅、硫、氯、钾、钙、铬、铁、铜、锌等元素的浓度，只是北京天安门广场和郊区百花山的$1/100 \sim 1/10000$，只是喜马拉雅山脉东端的南迦巴瓦峰的$1/10 \sim 1/1000$。这充分说明，南极大气中所含的杂质最少，完全可以充任大气中这些杂质的本底值。另外，从南极大陆沿岸到内陆十个站的雪样分析，结果表明，钾、钠、钙离子含量的平均值，比珠穆朗玛峰的顶部低得多，只有美国和英国若干地区平均值的十分之一至几十分之一。[1]总之，南极作为寻找全环境本底值的样本地区，是当之无愧的。

此外，南极还在研究冰川科学、全球气候、极地生物、地球物理、地球化学、天文观测、人类适应性等方面，有着无可替代的优势。简而言之，站在南极，上可通天，下可入地，它是人类地球家园中，最神奇、最独特的一隅。

---

[1] 张坤诚、高登义编著：《科学探索的圣地》，海燕出版社1992年版，第45～46页。

18 /

南极过年

春节，是中国人最重要的节日，都愿意在家过。然而，如果有机会，让你在南极过上一回春节，你会意下如何？20世纪90年代，我由于赴南极采访，两个春节，都有幸在南极的中山站度过。

第一次是在1991年，随七次队过的羊年春节。

当时的情况是，由于遇到了空前严重的冰情，"极地号"不能靠近站区，致使包括人员登陆和卸货这两项最重要的工作，都陷入被动。后来，我们是乘苏联的直升机飞落站区的。因此一上岸，所有的工作便争分夺秒地开展起来。所有人都异常紧张，真的是在不知不觉中，春节的脚步临近了。

第一个明确的信号，是过节前的队员与家属通话。很多人都说，这一通话才想起来，原来春节快到了。此后，各种过节的迹象，也逐渐多了起来。比如工程队和正在跑野外的测绘组、冰川组、地质组，他们都开始计算，如何在保证质量的前提下，届时能让工作正好到一个适当的节点，以保证大家能痛快过节。再比如，站区一夜之间插满了彩旗，有人开始布置餐厅，人们的眉宇之间，多了几分喜庆，等等。总之，这一切一切，都使得一种亲切的召唤，开始在站区徘徊。

作为随队记者，对我来说，过好春节，一定有两个含义。其中的一个，便是要通过报纸，让考察队的小春节，融入国内的这个大春节之中。但报纸的手段有限，思来想去，我想到了一个在当时还颇为新潮的创意，就是找来10位有代表性的队员，让他们通过"遥祝"的方式，给亲人和读者拜年。但拜年的条件很苛刻，就是每人只能说上一句话。令我没想到的是，这一次年根儿的采访，首先就在考察队中引起了轰动。大家的踊跃参与，也大出我的预料。

首先表达自己恋情的，是27岁的陈旺。就在他出征南极的同时，妻子也前往美国读书。他"祝愿国内年轻的夫妻们，永远相亲相爱"。

59岁的薛祚竑副教授，代表几位年过半百的长者袒露心迹。他说："在这个时候，要说思念老婆和孩子，我们的心情只比年轻人有过之而无不及。"水暖工王景玉因为能侃，被队友们冠以"教授"头衔。他说："祝我的儿子好好读书，过年多帮他妈妈干点活儿。"然后他又以玩笑的口吻补上一句："让他别忘了给我磕个头！"25岁的宗秋刚在六次越冬队队员中年龄最小，却因深沉而成为"宗老"。他说："我愿在南极这块净土上，为广大国内青年知识分子祈祷，祝他们在新的一年里幸福如意。"

来自中国香港的阿乐，和来自中国台湾的阿宏也欣然接受了邀请。阿乐的祝辞是："祝大陆朋友们新春快乐，一帆风顺步步高。"阿宏则"祝中国青年报的所有读者新年快乐，万事如意"。刘小汉代表地质组的兄弟们表示："石头告诉了我们地球所经历的沧桑，也倾诉着对国内人们的祝福。"钱嵩林作为冰川组的"发言人"，则说出了这样的妙语："雪的世界，冰的心，给各位一个'凉'的吻。"

队上为数不多的几个单身汉自然不甘寂寞，神情飘逸的英语翻译朱增新道出了他们的心曲："愿天下有情人都成了眷属，是前生注定事莫错过鸳鸯。"29岁的宣越健在家排行老七，母亲千难万难将他们带大。他说："自古忠孝难两全。在这万家团圆之际，请我的母亲和千千万万的母亲，谅解我们这些漂泊在外的游子！"

当晚，我将上述内容悉数发回国内。这一组饱含着考察队员深情的祝福在第二天见报后，引起了读者的普遍共鸣。

终于，队员们期待的大年三十到了。直到这天的下午，还有野外作业的人员匆匆赶回，洗澡换衣服。6点30分，当最后一名队员落座后，除夕晚宴在大餐厅开始。领导的讲话都很短，然后就开始了敬酒。先是领导敬大家，大家接着敬领导。然后就是小单位之间、不同专业之间、房栋之间、男女之间、长幼之间、新老队员之间、七次队与六次队之间、各路酒神之间的互敬。阿乐、阿宏自然受到了数次"围攻"。此时，在远离祖国亲人的万里之外，在这个冰雪之域，75名华夏儿女，用酒这个独特的媒质，传递着彼此的真诚。在"极地"号船上，也在上演着同样的一幕。

我不胜酒力，但有三个瞬间清晰地刻在了我的记忆当中。第一个是，当队长贾根整在给大家敬酒的时候，他提议为了"冰去船来干杯"。我知道，由于浮冰的阻隔，船只所载的100多吨物资和250吨柴油不能及时下卸，此时的中山站，甚至面临着封站的危险。我注意到，所有的人都喝了。第二个是，当副队长国晓港给大家敬酒的时候，他说："这个春节，是我在南极过的第四个。"所有的人，都是一饮而尽。第三个，是我去给宣越健敬酒。当我说道"为了咱们的母亲干杯"的时候，他不仅满饮一杯，而且他的眼中，还闪动着泪花。

晚宴之后是联欢，各种样式的节目，精彩纷呈，包括歌舞、气功、猜谜、讲故事、京剧清唱、器乐合奏、小合唱等。我也组织了一个男声小合唱《唱我中山站》，并在歌曲《浏阳河》曲调的基础上，重新填了词："中山站，美名远，中华儿女齐努力，同坐一条船。无奈坚冰来呀么来捣乱，不能卸货誓不还，就缺一个大气旋。""中山站，就在普里兹湾。铁打的营盘流水的兵，没有气管炎（妻管严）……"记得我还编了几个谜语，其中有"宝玉大婚"（谜底是队长"贾根整"的名字）、"弗里曼特尔"（谜底是副队长"国晓港"的名字，因该地是我船停靠过的西澳的一个小港）等。

男声小合唱。

来自中国台湾的记者王志宏在表演节目。

1998年是虎年。这一年，我不仅在南极度过了第二个春节，而且，险些把春节过成了一个"劳动节"。

原来，中山站前有个中山湾，卸货必须在湾内，是从大船卸到小艇，再通过小艇，运到码头。但中山湾口向东开，怕就怕卸货的时候，刮起东风，从而把浮冰刮进湾内。结果，怕什么来什么。十四次队的时候，就在"雪龙"号船抵达后不久，我们刚刚开始卸货，东风不仅来了，而且把大小冰山一股脑儿扫进了湾内。这样一来，不仅一二十米高的大冰山时刻威胁着大船的安全，那些半米到一米高的饼状冰（它们的水下部分还有3～5倍厚），对几十吨重的运输小艇来说，也同时成为"崇山峻岭"了。

振兴码头是湾中之湾，口也向东开，这时的浮冰密度已近八成。小艇拖着满载物资的驳船，动一下都很困难，不要说靠岸卸货再掉头了。一次麻烦出现在凌晨。"中山"新艇4时22分从大船出发，四小时后被困在船岸之间。它用尽了十八般武艺，包括绕、挤、蹭、推、压、撞，但均不奏效。从大船到岸，直线距离不过千米，岸艇之间就更近了，真个是对面能说话，相逢得半天。后来老"中山"艇出动，三个多小时施救才使其成功靠岸，两名船员和两名队员，在艇上饥寒交迫八个小时。如此的效率，这般的艰难，让几乎所有的人，都对能否顺利过年，心中没底。

"中山"新艇的遭遇，只是一个缩影。连着几天几夜，全队上下都憋足了一口气。很多队员，都是连着干了24个小时以上，回到宿舍倒床即睡。想舒舒服服地过个虎年吗？那就得拿出虎一样的霸气——非把货卸完不可！我心里其实一直在暗暗担心，对这些真正的汉子来说，如果留下一个尾巴，哪怕仅仅是一船货，或是一个机器大件，这个年就真的没法过了。届时唯一的选择，是过节的时候接着干！

然而，是我们的坚持，感动了老天爷。在最后的冲刺阶段，西风来了，队员们更是全力以赴。就在大年三十的20时10分，最后一驳货物，卸到了岸边。所有的人，都长长地舒了一口气。

匆忙收工的队员们，终于坐到了除夕会餐的大餐厅。厅内挂起了"向祖国人民拜年"的横幅，正中央出现了一个大大的"虎"字。在一番觥筹交错之后，又开始了热烈的联欢。没有时间准备节目，没关系，那就自发登台，即兴发挥。一曲《敖包相会》之后，是《草原之夜》，然后又是京剧清唱……日本籍队员唱起了《北国之春》，俄罗斯朋友则唱起了《喀秋莎》。六次队越冬队员马迎，有插科打诨的天赋，在他的穿针引线下，气氛一次次被推向高潮。

节目的最后，在主持人的提议下，所有队员向北，给祖国和自己的母亲们鞠躬致意。当地时间21时到了，由于时差，这也正是国内的北京时间24时，队员们纷纷涌到门口，轮番敲响了那口直径一尺的铜钟……

在南极过年，一半的心在当地，一半的心在国内。

在南极过年，一半是海水，一半是火焰。

19 /

浮冰卸油

如果有人问你，对一个城市而言，什么东西最不可或缺？你肯定回答说是电。不错。其实，不惟现代都市，即使在南极的考察站，无论是电灯、电话，电脑、电视，还是电冰箱、电暖器，包括所有的科考仪器设备，同样一刻也离不开电。可以说，电是南极考察的生命线。所不同的是，现在的城市用电，其来源已日益多元化。而在南极，由于其特殊的地理环境，直到现在，主流的发电方式，还是用油。因此，包括中国在内的各国极地考察船，每年前往南极的时候，运送大量柴油，都是一项最为重要的任务。然而，执行1990/1991年度南极考察任务的"极地"号船，却由于碰到了多年不遇的严重冰情，致使其给中山站卸油任务的完成，严重受挫，甚至，一度似乎已遥遥无期了。

事后有人问我，假如当时，真的没能卸油，后果到底如何呢？答案当然是清楚的：第一，缩小越冬规模；第二，封站撤离。显然，这两个结果，都是当时的中国人，如果没有经过百分之百的努力，所根本不能接受的。事实上，自1990年12月初，我们从青岛出发，至翌年1月9日，随着南大洋调查集中在最后一个断面，"极地"号从是日起，将直奔南极大陆，不再北往。一种无法抗拒的兴奋，就开始在队员们的身上升腾。雪海燕、风暴海燕，还有企鹅，这些海鸟已经在给我们送来南极大陆的气息。但是，也就是从这个时候起，事情开始变得复杂。10日，"极地"号本欲在完成了最后一个点的作业后，在东经68度穿越南极圈，却由于大量浮冰阻隔，只得在距南极圈8海里的海面，转头东行，在东经73度进入。也就是从这个时候起，浮冰，成了我们的一道魔咒。

11日上午，船周围出现四成散冰，即冰占海水面积的40%。进入晚间，则开始了真正的冰区航行，浮冰为八至九成，船只行进已非常艰难，五六个小时仅前进两海里。12日凌晨，船只被迫停车。上午，船队领导乘直升机空中侦察冰情后，决定停船等待冰情好转。这时，"极地"号距中山站尚有28海里，站区所在的拉斯曼丘陵，已在地平线上露出一线轮廓。原定的上站慰问和船上团聚，因单机飞行距离偏远，被迫取消。除了一些形体庞大的冰山外，船只所在浮冰区的冰，均属当年生成，一般厚度在1.5～2米。其中那些表面平坦的冰块叫作饼状冰，面积从几十到几百平方米不等。那些由于风吹日晒表面起伏多姿的，被称为菜花冰。据船长魏文良介绍，前两次考察，航行在同时同地，浮冰只有一至三成，而现在已占到十成。由于南极此时正是极昼时间，24小时内，极目所望，全是白茫茫的一片。太阳高悬时，冰面会反射出眩目的白光。唯一令我们开心的，是不时有海豹、企鹅的光顾。尤其是后者，它们或三五成群，或单只独往，做出各种使人发笑的憨态，闹得队员们个个都在忙着拍照。

中山站所在的普里兹湾，由于当年以来的平均气温比往年低了一摄氏度，延迟了冰的开化。13日上午，"极地"号尝试着迂回前进，并三次通过倒车再前进的方式，撞击浮冰。我特意站在船头观望，只见船首通过处，却如刀切豆腐，但终因冰的密度过大，而"极地"号又是一艘普通的抗冰船，推进三海里后，只得调头欲返回安全水域。但还是由于冰厚，一小时时间，船只仅转向90度。考虑到浮冰压力不大，没有对船体构成威胁，当地时间16时40分停船，开始在原地随冰漂浮，而且这一漂，就是五个昼夜。这期间，我曾随直升机升空，在几百米高空俯视了"极地"号船所在冰区的冰情。目力所及，整个冰区犹如一只直径几十公里的巨大玉盘，被一种神秘力量震裂成无数碎片，大者有上千平方米，小的亦有数百。这些冰盘，有的平白如纸，有的起伏凹凸，还有几十座巨大的冰山矗立其间，而"极地"号，就被它们紧紧包围着。船上第一次出现了焦躁情绪。队员们不断地有人来到船舷，向中山站的方向瞭望。而六次队越冬的队员们，连日来每天都爬到几公里外的山上，用望远镜向"极地"号出现的方向寻觅，一望就是几个小时。他们已经300多天，没见过来自祖国的亲人。

此时，船队领导最急的，是船一天不能靠岸，人员与物资不能下卸，度夏的工作就一天不能开展。至于卸油，由于时间尚属充裕，问题还未凸显。当时的情况是，我方虽租用了澳方一架轻型直升机，可载四人，续航能力有300公里，但由于在极区，单机飞行不能超过15公里，而船站之间的距离又近30海里，这使得在船只受阻的情况下，人员及物资的提前登陆无法实现。就在这一筹莫展的时候，在南极最为珍贵的国际支援，给我们雪中送炭。一是14日上午，100多公里外的澳大利亚戴维斯站的两架直升机，要飞往中山站附近的澳方劳基地，这给了我方单架直升机以编队飞行的机会。二是一个月前，有六名苏联直升机驾驶员来到了紧邻中山站的苏联进步站，计划与滞后赶来的苏特A级抗冰船"北极熊"号会合。该船携有两架"米–8"中型直升机，每架载重量多达四吨，但也面临人机无法见面的困难。于是双方达成了互助协议。这次国际协作，开出了三支花朵。其一是，当日上午，船队主要领导随机升空，14分钟后抵达站区。他们受到了站上的最高礼遇。其二是，在进步站翘首以盼的六名苏联直升机驾驶员，随机飞到我船，并登上了随后赶来的"北极熊"号。其三是，包括本人在内的大部分考察队队员，终于在17日乘坐苏联直升机，投入了朝思暮想的中山站的怀抱。

尽管人员不整，装备不齐，但匆忙上站的七次队，还是开足马

考察队员正在浮冰上运送油管。

队员们在浮冰间跳跃前进。

力，使各项工作立即有条不紊地开展起来。两个分别高4.55米、长22.1米、宽7.5米的汽车栋，开始建设；冰川、测绘和野外地质考察的三支人马，已分别外出探路；直径15米的直升机停机坪，也已开建。而此时，"极地"号船也在千方百计，试图靠近站区。19日，船只抵达距站15海里的固定冰边缘，空运了部分食品，不料受风流压的影响，被2～3米厚的十成浮冰夹住，整整围困了十个昼夜。其间，船只曾启动主机试图脱困，但开车两小时，仅移动了两米。这种被困，十分危险。一旦船只在冰区被拖入冬季，整条船就将被迫在南极越冬。由于"极地"号是我国南极考察的"独生子"，这不仅将危及后续所有的考察部署，且在冬季海冰的强力挤压下，船的命运堪虞。直到1月30日，由于刮起了少有的西南风，使站区附近的浮冰外漂，故"极地"号抓住机会，脱困后即向站区方向突进，抵达距站4.8海里处的固定冰边缘，并再次实施空运。由于固定冰依然坚固，大规模卸货仍无可能，船只只得在安全水域待机。

就在"极地"号船冒着风险，一次次在试图抓住甚至创造机会，来破解卸油卸货这一难题的时候，1月27日晚10时55分，在中山站的站长室，召开了一次重要的会议。会议议题是：万一冰情不变，考察队应采取的对策。我旁听了这次会议，这也是我第一次接触到全队的核心机密。我无法再现会议的所有细节，但与会者对国家和南极事业的忠诚，专业化程度，思维的缜密与犀利，都令我不忘。应当说，这是七次队首次直面"卸油"问题。到此时，全站存油，只剩有50吨。若去掉油底，还不到50吨。如果算上度夏所费，存油将所剩无几。而要顺利越冬，至少要150吨。会议最后形成三项共识，也使我第一次听到了"最小规模越冬""封站撤离"这样刺耳的语汇。所谓最小规模越冬，会议给出了一个经过计算的"规模"：十人。包括发电、气象各两人，然后医生、大厨、报务、司机、管道和站长各一人。这是中山站常规越冬人数的一半，按当时的标准，不能再少了。可是，越冬的目的是科学考察。没有科考人员，岂不成了纯粹的"越冬"了？！当然，还有一个三人的越冬方案，也在会上被严肃地提了出来。再说封站。中山站建成后，已开展了几十项上天入地的常年科考项目。一旦停止一年，岂不前功尽弃？！

会议当晚，我几乎一夜没睡。

此次会议，让所有人都看清了卸油不成的后果。但会议的总基调，当然不是放弃，而是力争。在力争的所有因素中，有一个非常重要的变量，那就是苏联进步站与澳大利亚戴维斯站可能提供的帮助及其方式。会后，在中山站与"极地"号，中山站与进步站和戴维斯站，中山站与北京之间，开始了一轮轮的互动。所有互动的指向，都围绕着"卸油"二字展开。随着时间的流逝，一个集队、船、站智慧及两个外站所能的大方案逐渐成形。方案一，从戴维斯站借输油管，在冰上铺管输油。方案二，租用苏联进步站大型直升机运油卸货。方案三，请澳大利亚"南极光"号破冰船帮我破冰。方案四，将油装入油桶，卸在一个岛上，待冬季站上用车运回。最后又经过了细密而短暂的讨论，决定采用第一方案。

此时，卸油的问题，在考察队已不是秘密。所有人都试图能为此尽一份心力。但他们眼前所能做的，无非两条：第一，抓紧工作，一旦卸油卸货，别让自己这摊事成为拖累；第二，祈祷来风，希冀靠风力化解冰情。这一心情，从我当时发稿的内容上可见一斑。本报南极中山站2月3日电"冰情严重造成的一个可能后果是：浮冰最终化开，但留下的卸货时间非常短促。各路人马加紧工作，届时集中全力卸运物资，将势在必行……"本报南极中山站2月10日电（特派记者张岳庚）"狂风裹挟着雪花，横扫了拉斯曼丘陵。将从今天下午，风力就开始减弱。考察队现在的情况是，宁愿牺牲一些野外科考时间，也盼望能出现更强劲的大风，通过鼓动涌浪，将固定冰掀掉。目前固定冰尚有数公里，大船不能靠近，小艇无法穿行，冰上作业又不可能。按原定计划，我船将于本月底撤离。贾站长对记者说：'我现在最希望能来个大气旋，刮起12级以上的大风才好。'风！风！！风！！！"本报南极中山站2月11日电（特派记者张岳庚）"……从数日前起，这里的昼夜已有明显的区别。在夜晚，以至能够清楚地看到悬在天空的半月。这意味着南极的冬季即将来临。"稿件中，这最后的一句话，分量最重。南极，只有夏、冬两季。各国南极考察，都是利用夏季，卸货换人。一旦冬季来临，一夜之间，就可能千里冰封，那时是想走也走不成的。因此，实际上留给我们卸油的时间窗口，已经越来越小。事后表明，此时离我们必须撤离的最后期限，还有整整十天。然而，就在所有人备感焦虑、备受煎熬的时候，"极地"号按照既定方案，悄然向百公里外的戴维斯站机动，并在2月16日，载着借来的油管，出现在了中山站附近。

此时，"极地"号距站区尚有三海里，故采取切割固定冰的做法，拱冰前进。应当说，到此时，对能否实现卸油，仍无把握。令所有人意想不到的是，至夜间，天公作美，站区忽地刮起八至九级下降风，加上潮位较高，使已经裂缝的固定冰出现了松动。经第二天的空中察看后，船只立即沿着一条最佳的航线，在17日下午3时前进至站区以东千米处，从而为下一步的卸油，带来重大转机。

中山站所在的半岛与冰盖之间，形成了一个直径约1000米的海湾，海湾中间有一个可涉冰而过的岛礁。湾口横陈着一长串巨大的冰山群，"极地"号就停在冰山的外侧。就在船只到达的同时，站区旋即进入临战状态。考察队首先成立了由18人组成的"敢死队"，编成六个组，冰川组打头。大家身着救生衣，携带着绳索、长木板和活动铝梯，向浮冰深处进发了。由两名医生和机组人员组成的救生小组，则与直升机一道，随时听命。按照预定方案，要由船、站两方向，同时派出队员，将1000多米的油管，从船分段拖接到岸。到岸后，先将燃油泵入岸边进步站的备用油罐，然后再从进步站泵入我站油库。

冰上卸油，国外早已有之。那是在几米厚的固定冰上，靠机械铺设油管，没有任何危险。而浮冰卸油，一字之差，则判若云泥。当我们靠木板、靠梯子，靠人拉、靠跳跃，跨过一块块面积百平方米左右的碎冰时，不能有任何的闪失，因为它们之间都有几十厘米到几米不等的间隙。在风、浪、潮的摇晃下，这些一米多厚的硬物，一部分正"哗哗"地左摆右倾，前冲后撞，此起彼伏。这个时候如果有人落水，正碰上两块活动冰块的夹击，轻则带伤，重则殒命。而且，空手的时候尚好，我们可以左挪右动。但当我们十几人扛起那一百多米长的油管时，由于油管不仅沉重，而且还有很大的张力，往往是左右摇晃，身不由己，险象环生。在此过程中，就先后有三人落水，所幸都被队友及时救起。

为了防止船被冰山挤压，铺管工作分成 17 日下午和 18 日上午两个阶段，利用进步站的备用油罐为中转点。18 日上午 10 时 20 分，全线接通。11 时 15 分，船上油泵开始工作。11 时 22 分，第一股柴油开始喷射。当船、站之间的十部对讲机里，同时传来"见油了"的高声通报时，只闻冰水撞击声响的海湾内，顿时一片欢腾。由于期待得太久，压抑得太久了，大家的情绪一下释放了出来。领队张季栋大声喊道："我们胜利了！"船长魏文良的语调激昂："这说明没有我们战胜不了的困难！"连日来，做梦都是卸油的贾根整站长，更是喜不择言："OK、乌拉、万岁！"沿着蜿蜒的一字人龙望去，喜到极致的队员们不敢踩脚，更不能跳跃，所能做的，只能是在高声喊叫的同时，用力挥舞着手臂……就在这时，天上传来了直升机飞过的声音，戴维斯站的女站长艾丽森就在上面。直升机在我们的作业区盘旋了两圈，然后消失在远方。降落后，艾丽森站长在第一时间就打来电话，表示了祝贺。进步站的站长则带着一些队员，观看了我们的这一壮举。见到我方队员，他的第一个动作，就是高高地举起了两个大拇指。

至晚 9 时，已通过输油管线成功卸油 155 吨，从而使当年的正常越冬无虞。但这时，下降风袭来，输油被迫停止，"极地"号也艰难地回撤。从 19 日到 21 日，由于有气旋影响，中山站海湾附近海域再次被十成浮冰覆盖。直到 26 日，"极地"号载着最后一批人马，最终撤离中山站时，老天爷也再没有给我们任何一点点卸油的机会。也就是说，七次队在普里兹湾的 52 天中，抓住了仅有的一天多的时间，一举扭转了颓势，捍卫了中国人在南极的荣誉。多少年后，我还在想，这到底是靠了什么呢？

答案只有一个：尽人事，顺天命。

20 /
美丽极光

本报南极中山站2月24日电（特派记者张岳庚）"……连日来的恶劣天气，不仅使卸货工作受到影响，而且阴云也险些剥夺掉此次度夏队员一睹南极极光风采的机会。但昨夜22时20分到23时20分，终于天赐良机，队员们第二次、也许是最后一次看到了南极今年入夏以来最强烈的极光。第一次因无准备，只有少数人成为幸运者。据专事研究极光的第六次越冬队员宗秋刚描述，在站区东北方向高空约60公里处，首先出现一圈射线状的光幕，呈黄绿色，其中的射线从高到低由蓝变紫，颜色基本保持不变，但整个极光带不断向赤道方向飘移。亮度时强时弱，速度时快时慢，持续一小时后逐渐消失……"

从小学的时候起，我就听说了极光。可以说，稿件中讲述的这一幕，圆了我和很多队员儿时的梦想。那么，极光到底是如何产生的，它为何形状千变万化，并会有五光十色呢？还有我们中国人，如果不去南极北极，有没有机会见到极光呢？那天观赏完极光，我做的第一件事，就是连夜采访了中科院空间物理研究所（空间中心前身）的宗秋刚。宗则向我讲述了极光的来龙去脉。

作为天空中一种非常奇特的自然光，极光是人类唯一能用肉眼看到的高空物理现象。我们知道，太阳释放的能量，以电子与质子构成的粒子流形式汇聚并形成一股超音速的带电等离子流，向地球高速奔来，这就是太阳风。当太阳风接近或到达地面时，会被地球磁场所俘获，其中一部分粒子进入南、北极上空。两极的高层大气受到太阳风的轰击后，会发出光芒，并进而形成极光。在南极地区形成的叫南极光，在北极地区形成的叫北极光，两者并称极光。人类见到极光的时间，已无从考证，但真正的学术研究，也不过是近几百年的事情。而取得重大进展的时间，则是在1957～1958年的国际地球物理年期间。此后，主要的南极科考国家，如苏联、日本、法国和澳大利亚等，都把南极光的观测与研究作为主要项目。建站后的中国，也加入了这一行列。

太阳风向地球输入能量的强弱不一，故对地球高层大气的冲击也多种多样，就使得极光的形状千姿百态。按照形状特点的不同，极光从形态上大致可分为五类：一是底部呈圆弧状的，叫极光弧；二是宛若飘带状的，叫极光带；三是如一片云朵般的，叫极光片；四是帷幔状的，叫极光幔；五是同射线状的，叫极光芒。这些千变万化的极光图案，个个神龙见首不见尾，都是大自然的神来之笔。

极光的动人之处，还在于它的色彩丰富、绚烂。由于地球周围的大气中，充满着含有氧、氮、氢等不同元素的气体分子，当带电粒子与这些分子相撞时，就会发出不同的光束。虽然自然界的基本颜色不外乎赤、橙、黄、绿、青、蓝、紫等，但据不完全统计，能分辨清楚的极光色调却多达160余种。"不过，由于色彩组合的原因，人们看到的极光，多为绿色。"宗秋刚特别强调。

由于极光发生的等频线不是围绕地理极，而是围绕地磁极，故在南北两磁极各有一个互相对称的、环绕地磁轴的极光椭圆带，其中心分别在南磁纬和北磁纬的67.5度。按照这一理论，处在南、北半球地磁纬度65度至70度范围地区的人们，一年中有三分之二的时间可以见到极光。在我国黑龙江北部一线，一年中平均只有一天的机会。而在吉林省北部一线，则平均十年才有一次。如此说来，在中低纬度地区，尤其是赤道附近，见到极光的机会就真的一点都没有了吗？也不绝对。1958年2月10日夜间，一次特大极光的出现，使得热带地区的人们也大饱眼福。当然这类极光，往往与特大的太阳耀斑爆发和强烈的地磁暴有关。也正因为如此，在极地的极夜期间，几乎每天都可见到美丽的极光。在南极，它已成为越冬队员最好的陪伴之一。

极光，被视为自然界最神奇的现象之一，早在两千多年前，就被中国人开始观测。我们不仅有着丰富的记录，而且产生了可能是世界上关于极光的最古老的神话传说之一。据"百度百科"介绍，相传公元前两千多年的一天，夜幕降临。一位名叫附宝的年轻女子，独自坐在旷野。天上，群星闪烁。突然，在北斗七星中，飘溢出一缕彩虹般的奇妙光带，最后化成了一个巨大而动人的光环，萦绕在北斗星的四周。忽然，环的亮度猛烈增强，照亮了整个原野。四下里万物变得清晰可辨，形影分明，生动异常。附宝见此情境，心中不禁为之一动，由此便身怀六甲，生下了个儿子。这男孩，便是黄帝轩辕氏。据考，极光这一术语，来源于拉丁文"伊欧斯"一词。传说"伊欧斯"是希腊神话中"黎明"的化身。在欧洲人的传说里，极光还曾经被说成是猎户星座的妻子。

极光不仅是一种美丽的自然景观，实质上还是一种地球周围的巨大放电过程，也是一种宇宙现象。在其他磁性星体上，也能见到它的精彩演出。对它的研究，不仅有着普遍的科学意义，还有着明显的实用价值。因为当强极光活动时，无线电和雷达的信号会受到强烈干扰，而且可能中断，甚至会对正在极区上空飞行的人造卫星，发出虚假指令。曾有一颗人造卫星，就毁于这种指令。"所以，每次我在欣赏极光的同时，还会比别人多出一丝忧虑！"宗秋刚说。

然而，七次队时我与极光的那次相遇，以及对宗的采访，并非我与极光缘分的终结。令我大喜过望的是，就在十四次队，当我们乘坐"雪龙"号船返国，驶离普里兹湾，驶向南大洋的时候，我又一次与它相逢。

这是午夜时分。南极的冬季正在来临，夜色深沉，夜空如洗。我躺在床上，却翻来覆去不能入睡。我知道，这是我第二次，也一定会是最后一次告别南极大陆，故而心潮起伏。正在这时，舷窗外出现了很多的光亮，就好像有非常多的手电光，在窗外晃过。于是我翻身下床，来到了左甲板，一时间，我完全被眼前的景色惊呆了——只见辽远的天幕下，一道道白色的巨大光束，排列齐整，疏密得当，呈一个大大的半圆弧状，从地表齐刷刷地射向高空。我马上跑到右甲板，景色同一。不同的是，众多的巨大光束，围成了另半个圆弧。索性，我爬到了船的最高处。这时，映入我眼帘的是，以"雪龙"号为圆心，数百根巨大的光柱接天入地，围成了一个数十公里（也许上百公里）半径、数十公里（也许上百公里）高的锥状体空间，并在我头顶的高空处准确交汇。光柱倒映在海面上，它散发出的银色光素，弥漫在海天之间。

我四下环顾，然后抬头仰望。一切，都仿佛在梦境，仿佛在幻境。时间，似乎停止了流动，万籁俱寂。我的第一个反应是，这是一把伞，一把硕大的"天伞"。高高的交汇处，就是伞尖，挺拔的光柱，就是伞骨。这把伞就是这样，被一只看不见的手，稳稳地撑着。我所在的"雪龙"号，就在它的庇护下，款款前行。紧接着，我又感觉这个铺天盖地的锥状体空间，是一个心香缭绕的超级剧场，它是如此的盛大，盛大得使人心悸；它又是如此的辉煌，辉煌得令人窒息。它在等待，等待某个万众瞩目的"明星"的随时现身。这个"明星"，或许就是外星人。而外星人今夜如果要与地球人当面沟通，选择的对象，一定就是"雪龙"船……完全可以想象，此时在方圆几百甚至上千公里的范围内，除了我们，再无同类。首赴南极以后，我就曾设想过，假如有朝一日，外星人真的会光顾地球，那他们的登陆场，一定会选在世外桃源般的南极。

那一晚带给我的震撼，令我终生铭记。事实上，当我的思绪走不

摄于 2015 年 6 月的中山站，其时正值极夜。拍摄者系中国第三十一次南极科考队中山站的站长崔鹏惠。崔曾将该图片上传至微信朋友圈，被作者发现并经崔同意后，收录于本书。

动了的时候，我幡然醒悟了。其实它不是什么别的，它就是那个神秘莫测，同时对我们来说又是可遇不可求的天象——极光。清醒过来后，我做的第一件事，就是跑回房间，去叫我的室友刘刚。他此时，正因为晕船和不适，瘫软在沙发上。记得我一边用力拽他，一边说道："你今天就是骂我，我也必须让你看上一眼。不看，会后悔一辈子！"

转眼，很多年过去了，我再没有见到过极光。但在我的内心，却时常与它重逢。

21 /

女性站长

　　在20世纪90年代初，世界各国在南极建有近30个常年科考站。其中的女性队员本就不多，而女性站长，更是凤毛麟角。然而就在1990/1991年度，澳大利亚戴维斯站的站长一职，恰由一位32岁的女性担任。她的出现，在整个东南极普里兹湾，一时间传为美谈。

　　就在这一年度，我随七次队来到了位于普里兹湾的中山站。对于初到南极的队员来说，目睹了南极神奇而恶劣的自然环境后，更会习惯性地把征战南极这样的事业，与男性紧紧地联系在一起。但艾丽森·克礼富顿站长的到来，至少使包括我在内的中国考察队员们，眼界洞开。此时的普里兹湾，共建有三个站。除了中国的中山站，还有俄罗斯的进步站和澳大利亚的戴维斯站。此后的很多年，这一袖珍版的"三国格局"，一直未被打破。

　　就在1991年的大年初一，艾丽森站长亲率五名属下前来中山站拜年。她原本打算在除夕之夜，就乘直升机从百多公里外的戴站飞来助兴，但因突遇风雪天气，只得中途折返。现在，她不仅来了，细心的中方队员发现，她还特意穿了一身黑色裙装，而且是从近三公里外的劳基地，顶风冒雪，徒步赶来的。她对中方的尊重，赢得了中国考察队员的极大好感。在我方举行的新春招待会上，除澳方人员外，还有包括俄罗斯进步站和前来考察建站的朝鲜有关人士。觥筹交错之间，艾丽森谈笑自若，反应敏捷，举止得体。她在中山站的首次亮相，给我方队员留下了深刻印象。

作为随队记者，艾丽森站长的出现，自然引起了我的注意。两天后，我和翻译朱增新如约来到劳基地，拜访了正在这里休假的艾丽森。劳基地是澳大利亚设在中山站附近的一处应急基地，由一个集装箱建筑和四个苹果房组成。"集装箱"用于做饭、吃饭和会客，房内微波炉、电暖器、食品、饮用水、各种调料等一应俱全。苹果房则用于住人，其中一间用于洗澡兼卫生间。各国的考察队员在附近考察，如果遇上恶劣天气，都可以来这里避难。

就在"集装箱"，艾丽森站长微笑着坐在了我们的对面。她还是穿着那件橘红色的圆领夏考服，留着一头棕色的运动短发。水球运动员的强劲体态，与端秀祥和的神情融为一体，使她坐在那里稳如泰山，微笑起来又极具女性魅力。我们的话题，首先就从男女站长有何不同开始。她并不认为在担任南极考察站站长这一点上，男女之间有什么区别。相反，她对所有准备争取这一职务的人的忠告，都是一样："要心胸开阔！"

艾丽森出生在澳大利亚西部，在珀斯读的大学，专业五年，学的是法语和意大利语。这期间她成为水球队的一员。毕业后她曾在高中教授过两年的体育、地理和英国文学。她对南极的兴趣在于"这里有与众不同的挑战"，机缘则来自澳大利亚先进的组队方式。澳在南极设有四个常年考察站，每年都要登报公开招聘考察人员，并要经过一轮心理和体能的特殊面试和测验。站长的招聘则更为严格。以当年为例，142名应聘者在通过两轮测验后，只剩有15人。他们在第三轮中经过一周的集训，由南极局官员和心理学家着重就心理、管理能力和组织技能等进行评选，选出四名优胜者，再根据每人的特点，让四人出任四站的站长。艾丽森和另一位40岁的女性，分别担任了戴维斯站和莫森站的站长。

她介绍的这些情况，引起了我的浓厚兴趣。因为在改革开放初期

艾丽森站长（左二）一行访问中山站。

作者与艾丽森站长合影。

的中国，很多事情还是"部门所有制"，既不够透明，也缺少竞争，这极大地妨碍了全社会资源的充分调动和有效使用。我高兴地看到，在2006年10月31日，新华网发布消息称，为满足中国第二十四次南极考察越冬岗位工作需要，国家海洋局极地考察办公室（简称"极地办"）将组织开展长城站、中山站越冬考察人员的预选。并称，这是中国开展极地考察以来，第一次在全国范围内公开选拔南极越冬队员，具体岗位为：长城站和中山站的站长、管理员、医生、厨师、机械维修人员、水暖人员、通讯人员各一位，发电人员各三位。"极地办"提供的资料还表明，站长是极地考察站主要领导和第一责任人，全面负责考察站的工作，向国家极地主管部门负责。据我的了解，此后，"极地办"多次在全社会范围内，继续了这种公开选聘。在看到有关新闻的时候，我就曾想过，这里，说不定就有艾丽森站长的贡献。

显然，艾丽森为自己的成就感到骄傲。她当时介绍说，早在1988年，在经过同样激烈的角逐之后，她与另一位妇女分别担任了麦夸里岛站和莫森站的站长，并肩成为澳大利亚历史上第一任的女性站长。麦夸里岛是澳洲的一个岛，长34公里，宽5公里，位于太平洋西南，距澳约有1500公里，以其优美的景色、丰富的资源以及考古遗址，吸引了大量的游客。在岛上，至少有72种鸟类，其中企鹅最多，1989年时估计约有40万只。1997年，该岛被联合国教科文组织评定为世界自然遗产，可见管理好这个考察站，难度非常之大。然而谈起她在麦站13个月的感受，艾丽森只用了很少的话："潮湿、寒冷、山多，野生动物很多。"但不管怎样，当时的澳国新闻界，曾对她们两位的履职给予了大量报道。讲到这里，艾丽森耸耸肩头，不无遗憾地说道："他们现在，好像把我们给忘了。"

艾丽森说话的时候，语调不高，回答问题时，字斟句酌。当谈到她对中山站的印象时，她用了"非常干净"，并同时夸赞了中山站的建站速度，并说："而我们，则需要很长的时间。"在谈到中、澳两国考察队员的比较时，她说相比之下，澳人"稍显懒散"，而华人则又"过于正经"。但说完，她就乐了，并接着说道："因为两种生活方式不一样，很难比较。"

当谈到如何当好一个站长的问题时，她收起了笑容："你必须知道外面的世界，了解别人的想法，不能与世隔绝！"由于工作关系，翻译朱增新与她打的交道最多。在我前一天对朱的外围采访中，他就告诉我，就在当天，艾丽森站长还向他问到了中国南极考察的整体情况，并表示想要一张中山站当年越冬的人员合照。朱告诉我，她问得很细，包括中国人去南极点的事，来南极的船舶方面的情况，还有当年人员的安置、油料和食品的卸运等。尤其令朱感到意外的是，她还特别询问了科考的内容，以及将来中方是否准备从中山站出发，向内陆延伸考察的情况。要知道在艾丽森问这话的当时，中国人在东南极，只是刚刚站稳脚跟。而她的目光，已看到了十年、二十年后。因此站在今天的角度来看，中国人在东南极的奋力开拓，其最大的知音，当属艾丽森。

当时的朱增新，还向我谈及了他的一项观察：只要艾丽森站长在，澳方队员，不论男女，都"特别规矩"，但她还是很快就展示了她性格中的另一面。就在我们采访的下午，我方一些队员曾和艾丽森约定，到冰盖一游。但她忽然改变了主意，原因是一名戴站队员这天在劳基地过生日，需要有人留下做蛋糕。艾丽森坚持说，这是她作为此时唯一的女性，必须承担的义务。

正是由于艾丽森站长的身体力行，在这一年度的度夏期间，中、澳两站的友谊日益加深。当七次队进行浮冰卸油，需要戴站的油管支援时，艾丽森成为此事澳方最大的推动者与最好的执行者。卸油成功，她又在第一时间，打来祝贺电话。当我们撤离南极大陆，途经戴维斯站的时候，她不顾戴站正在大规模改造带来的不便，盛邀我们前往做客，并力促两国队员进行了排球比赛。比赛中，我看到甚感开心的艾丽森站长，会为双方球员的每一个好球，用力鼓掌。

后来，度夏队走了，艾丽森则率领着戴维斯站的越冬队员，与中山站和进步站的越冬队员一道，在普里兹湾共同迎击了风雪和极夜的挑战。虽然他们之间不能见面，但三国健儿的心，是相通的。南极的漫漫冬季终于即将过去，那个激动人心的夏季，很快就要到来。然而，对这三个站来说，在分别见到来自各自国内的人员之前，有一件事情，已经让他们足够兴奋的了。那就是会有一个车队，从戴维斯站南下。这个车队的任务，一是整理一下经过了一个冬天的劳基地，为即将开始的夏季考察做好准备；另一项任务，就是与在劳基地附近的中、俄两站人员见面，共同庆祝他们越冬使命的达成。

1991年9月19日，戴站方面先用高频电话，将车队的有关情况告知了中山站，中山站又转告了进步站。23日，由艾丽森站长率领的车队，如期出发了。车队由两辆雪地车和两个雪橇组成，人员两男两女共四人。戴站距中山站的直线距离，原本是150公里。但为了躲开冰盖边缘的裂隙区，车队是先往冰盖内陆方向行驶一段，然后再右拐走直线，最后再右拐，要走一个马鞍形。这样，路程增加了一倍，但按照计划，三日后也该到达。但到了26日，仍然没有收到车队的消息。中、俄两站，还由于误会，赶到冰盖误接了一次。人虽然没有接着，但能见度为零的雪暴天气，已让大家意识到，艾丽森站长他们，遇到了大麻烦。事实上，艾丽森他们的车队，在途中遇到了同样的恶劣气候。他们只能停车等待。这种情况的危险在于，假如这个气象系统持续的时间过长，他们会因燃料和食品的耗尽，而陷入绝境。

在经过了焦急的等待之后，暴风雪终于在29日停歇。在得到了车队的确实消息后，中俄两站的人员当日傍晚，在冰盖上接到了艾丽森站长一行。我是在时任中山站站长贾根整先生的家里，通过录像，看到了当时的这一幕。暮色下，三国队员在所有车辆大灯的聚焦下，相互拥抱、欢呼。我注意到，所有人员都穿着深色衣服，但只有艾丽森，戴着一顶白色的皮帽，这使她在人群中，格外抢眼。在现场，她对中、俄人员说："三天的行程，我们却走了一个星期。我现在的感觉，只能用'绝处逢生'来形容！"随后，他们先在进步站热闹了一番。在艾丽森的坚持下，戴站一行人，最后还是住到了中山站。

隔了一天就是"十一"，中山站按惯例举行了升国旗仪式，晚上，又举行了国庆招待会。俄站六人，澳站三人（另一人因故没有参加招待会），加上中山站除值班的人以外的所有人员，济济一堂。经过了南极漫长的冬季，所有人都在尽情地释放。三国队员，站成了三个部分，真正是载歌载舞，你方唱罢我登场，不停地唱了将近三个小时。从录像画面中我看到，当中方队员唱起《妹妹你大胆地往前走》的时候，所有人热热的目光，都集中到了艾丽森的身上。这显然不仅因为，她是这里此时唯一的女性。还有她的友好，她的美丽，包括她刚刚经历的"绝处逢生"。而她，似乎也意识到了什么，但脸上只是流露出了一丝的羞涩，照旧微笑着，用双手不停地和着拍子……招待会结束时，三国队员用最后的气力，合唱了一曲《友谊地久天长》。

当时的迹象显示，越冬，已是艾丽森与中国南极考察事业最后的缘分。因为当年我在采访她时，她就明确表示："这很可能是我最后一次在南极供职了。因为长时间与家人和朋友脱离交往和联系后，对我再找工作，将带来不便。"她的这段话，也在当时的中国青年报上见报。然而，当我为了写作此篇，带着试一试的心理，在百度上搜索"艾丽森"这一词条时，竟然搜出了这样一段话："今天午饭后，我随领队一行乘坐直升机抵达戴维斯考察站，对戴维斯考察站进行参观访问。戴维斯考察站站长艾丽森女士亲自到直升机停机坪热情接待了我们，并陪同我们参观了整个戴维斯考察站。"这句话的作者，是中国南极考察二十八次队的成员。写这话的时间，应该是在 2012 年。

真的是无巧不成书吗？我迅速地与设在上海的"中国极地研究中

心"进行了核实，并请出了与这个艾丽森同时在南极越冬的中山站的站长韩德胜先生。最后证实，这个艾丽森，不是当年的那个艾丽森。在听到这一消息的最初，我曾感到了一丝的失望，但很快就调整了过来。因为我知道，在20几年的时间内，仅在戴维斯站，就出现了两位艾丽森站长，这只能说明，在澳大利亚的极地事业中，女性方面人才辈出。尽管此艾丽森非彼艾丽森，但她们其实一样，都是东南极普里兹湾，最亮丽的一道人文风景。

22 /

半岛出游

在南极，最难得的，是"偷得浮生半日闲"。想想也真是这个理儿。国家每年花了巨资，送你们这百多号人，到了这天高皇帝远的地方，难道是为了让你们来兜风的？当然不是。但是我今天要说的，是两到南极，由于采访工作的需要，每次我们都在或是提前完成阶段性任务，或是顺便的前提下，由考察队统一安排，有一次"出游"的机会。而且这两次游历，也都使我获益匪浅。两次出游，按先后顺序，考察的分别是布洛克尼斯半岛和斯托尼斯半岛。它们和中山站所在的米勒半岛一样，都是拉斯曼丘陵的组成部分。

第一次，是七次队的时候，我们专门从米勒半岛，徒步前往布洛克尼斯半岛。我们这十多号人，由六次越冬队和七次队的两部分人组成。前者，在这里待了一年多，已是这里的"地主"。安排我们一同出来，完全有以老带新的意思，可见队上用心良苦。没想到，刚一出站区，我就被上了一课。

我一直走在队尾。不经意间大拨人马不见了，原来他们走得快，已经往右拐了。我就想抄个近路，快点跟上。于是，就离开大路也往右，想穿过一块开阔地带，跟上大部队。走着走着，忽然感觉头顶上有个影子一闪，接着，就听到了"啪""啪""啪"，有飞鸟翅膀急速拍打空气的声音。还没等我完全反应过来，鸟已经快速飞走了。

这时，我虽然意识到了有状况，但还没有完全闹明白是怎么回事。这时，我忽然发现，就在我正前15米的地方，有一只贼鸥。就在我看到它的同时，它也起飞了。它的飞行线路是，先往高处飞，然后就对着我开始俯冲。待离我头顶只有一米不到的高度，它也作出了用翅膀猛烈拍打空气的举动，并悬停了片刻。实际上，它们的这些动作，对我没有实质性的伤害。但它们的意图，却是十分的明显：它们在对我进行着警告和驱离。

这时，已经有六次队的老队员跑回来接我。他看到了刚才的一幕，于是拉着我就往回走，边走边给我讲。我这才明白，在我刚要走过的地方，有贼鸥的窝，而且窝里有小贼鸥。刚才我是误入了它们的警戒范围，因而受到了贼鸥父母的攻击。贼鸥是南极的一种海鸟。实际上，我们在一上站的时候，就受到了教育。比如，不能踩踏地衣、苔藓，不许惊扰动物等。而我那天得到的启示是，在陌生路段走路，既要低头看脚下，有没有不能踩的东西，还要抬头看有没有飞鸟盘旋。若有，你又没有携带食品，就说明你误入了它们的领地，要赶紧回撤。

后来，追上大部队以后，我把我的经历说给大家听，他们都哈哈大笑。在笑声里，新队员受到了最好的环保教育。后来我们经过一个乱石成堆的地方，老队员就讲，这里有一处雪海燕的窝，现在这个时候，里面一定就有小的雪海燕。于是，大家派我先去侦察。在几块石头的下面，果然蜷缩着一只白色的小雪海燕，像个大棉球，睡得正萌。有一缕阳光，透过石块，正照在它的身上。了解这一情况后，大家一致决定，一块石头都不动。随后，无论是电视台的录像，还是平面媒体的拍照，大家都轻手轻脚，严守了不打扰动物的原则。

"看，这是一处水晶宫！"老队员说道。在一处山脚，有一个亮亮的洞口，直径约有一米，不算规整。我们依次钻入，刚进洞口，就听到了里面滴水的声音。地面全是水，一股潮湿气涌来。再往里走，视野忽然打开，里面出现了一个冰和水的空间，长有五六米，宽有两三米。上面是一块大的冰，形成了一到两米高的穹顶。冰很白，有的还泛着幽幽的暗蓝。从冰顶下垂着各样的冰挂，有的像一根粗大的银针，有的如一捆柳条，有的同一副门帘，有的似一堆冰糕，晶莹剔透、姿态各异。它们都是亮亮的、透明的、反着光的。没想到的是，在这以冰大雪厚为特征的地方，居然还藏有如此小巧玲珑的一隅，就像让我们回到了其他大洲。

然而此行令我印象最深的，是我们快到中午时的一段经历。走到一片碎岩石的路段时，六次队老队员郭广生忽然问我："饿不饿？要不要找点吃的？"其实，我们出野外，自然是带好了吃的喝的。郭之所以这样问我，是因为出来之前，我俩有约定。我早就听说，在南极的野外，完全是大同世界。不管谁，只要遇到困难，就可以随意取用在避难点找到的食物和用品，而不用管这些东西的来路。因此出来之前，我就托他帮我"找"到一处避难点，我要眼见为实，所以他才会那样问我。

郭的话，让我的眼睛一亮。于是，在一处地势略高、大石块明显集中的地方，郭广生停了下来，我也跟了过去。我们蹲下身子，在几块石头的下面，果然看到了一个饮料瓶子，玻璃的。郭一看，就乐了，并告诉我，要找这样的避难点，是有规律可循的：第一，地势要高，这样可避免潮湿；第二，目标要显眼，便于别人发现。我们再往下找，很快就发现了一个大的塑料箱，密封得很好，足有20公斤的重量，打开后，只见里面有各种食品，包括罐头、咖啡、奶粉、香肠、饼干、巧克力、土豆粉、通心粉，还有主副食和一些甜食，足够一个人生活半个月的。此外还有化学燃料，和一张物品清单。

"关键是，你要想象一下，假如你不是现在这样子，而是饥寒交迫三天以上了。你是在这样的情况下，发现了这些东西，你会是什么心情？"其实，彼时彼刻，已经不用老队员煽情，我们就都已经心潮澎湃了。虽然对此早有耳闻，但真一经历，还是感觉有一股暖流，从心

出游途中，队员们合影。

底缓缓流过。"这就是南极大家庭！"有人说道。"这就是人类一家亲！"又有人接着说道。

"既然我们今天用不着，那还是赶紧放好吧！"有新队员提议。"不，最好能吃掉一些。然后我们再放一些新的。这样不断以新换旧，就良性循环了。"我们见老队员说得有理，就从里面取了一些巧克力和饼干，又同样放了一些进去。没想到的是，回站之后，我们把这事对直升机飞行员杰瑞说了，他立刻摆出一副很骄傲的样子。原来，这些东西是此前他与澳大利亚的队员，一起放置的。他马上问："你们是否留名，并注明是某年某月某日，用了哪些东西，又放了哪些东西吗？"我们说没有，并问他为什么要这样。他的回答很干脆："这样除了吃，还能有交流！"

第二次出游，当然是七年后的十四次队。由于当时的中国南极考察队没有自己随行的直升机，我们是乘坐租用的澳大利亚直升机，飞往斯托尼斯半岛的。此行的名义是野外考察，但真正的专家只有两位：一位是中科院地质所的博士研究生仝来喜，另一位是日本的生物专家星野。包括我在内的其余四位记者，都是沾光。

飞机腾空后，先在站区上空盘旋，以供航拍。普里兹湾东岸冰盖的巨大身躯，一望无际。拉斯曼丘陵，形同一堆巧克力冰糕。在它的三个半岛中，斯岛面积最大，占1/3强。它的一半，全是白色冰原。靠海的另一半，全由经过变质的片麻岩组成。其中，又分布着大小约60个湖泊，有的全被冰雪覆盖，有的半开，有的则细波粼粼，呈暗蓝色。在南极大陆的白色世界中，半为褐色的拉斯曼丘陵，算是另类。

我们降落在三个湖中间的平地上，时间是上午9时30分。此时，地面上湖光山色，天上却灰云密布。仝来喜是我们的组长，他来自陕西户县，内向随和的性格，加上改不掉的故乡谈吐，使大家都亲热地叫他"老汉"。没想到一落地，"老汉"就报给我们一个坏消息：他没带塑料袋！

　　原来为了保护南极环境，站上规定凡野外大便，必须"大"在塑料袋内，并带回站区。在我们几个人中，他是领导，原来说好是由他带的。他"没带"的后果，不难想象。午饭的时候，我看大家都在悠着吃。尽管如此，下午5时多，我们一回站区，就有一名队友，小跑着，一头冲进洗手间。这是后话。

　　我们先向北走。记者们紧跟着两位专家。他俩一边工作，一边讲解。我们拍到了很多的蜂巢岩和元古代强变形条带片麻岩，这些都是极其珍贵的。"老汉"的任务，是继续着他认为的一个重要发现。在一处暗色的大岩体中，我们看到了3厘米×5厘米不等的一些黑色团块。"老汉"说，这些团块原来在地表，由于地壳运动，它们降下去了，又翻了上来，所以自身携带着地球深部的信息。他拍照并取了样。

　　午饭后在上一个坡的时候，发现了一个5厘米×5厘米×10厘米的石块，呈铁黑色的表面，有明显燃烧过的遗痕。大家异口同声地喊："陨石！""老汉"用地质锤一敲，碎了，大家都沉默了。但"老汉"依然收了一块。他解释道，陨石分三类，即铁陨石、铁石陨石和石陨石。一般人都认为，陨石特别坚硬，敲不碎，其实不然。如果是石陨石，是能敲碎的。经他一说，大家都觉得，学问真的无止境。在南极，我国的地质学家们已采集到上万颗陨石。至于我们采集到的这颗到底是不是，"老汉"说："还是得回国后鉴定！"

　　时间过得飞快，不觉已近下午5时。星野的收获也很大，他采集了不少的地衣、苔藓，和湖底沉积物。在等飞机的空当，我就在想，每次来南极，都能学到很多东西。就连每次的出游，收获都很大。比如，第一次，我学习了"走路"和"吃饭"；这一次，又学习了"环保"和"陨石"。此外，我还有一个发现，就是这里除了偶尔有企鹅和飞鸟的叫声外，一般情况下，静极了，静得有些可怕。然而，在这一片静寂之中，巨大的南极冰盖，每年都在下滑几十米；顽强的地衣，也在以百年一毫米的速度，在生长；还有这些坚硬的岩体，也在以百万、千万，甚至上亿年的时间尺度，在上下运动……

这些，都在诉说着一个朴素的道理：南极，还有数不尽的秘密，有待我们去了解，去挖掘；南极，既是一位良师益友，还是一部百科全书。

拉斯曼丘陵的一处水洞，里面有很多冰挂。

23 /

大洋搏击

　　三次极地之行，最令我没齿不忘的经历，发生在七次队的返航途中。

　　那时，我们告别中山站不久，由于战胜了前所未遇的冰情，大家的心中充满了喜悦，却由于留下了曾经朝夕相处的 20 位越冬战友，心中又布满了惜别之意。那时，我们离开戴维斯站不长时间，在那里，队员们度过了此行在南极大陆的最后时光。那时，"极地"号刚刚摆脱了最后一片浮冰的缠绕，顺利穿越南极圈，北上驶入了号称"咆哮的45 度"的西风带，时间是 1991 年 3 月 5 日下午。我在发回国内的电稿中，曾这样写道："我们已经踏上归途。亲人在盼等，春天在召唤……"就是在这样的心境下，一场突如其来的危机，爆发了。

　　此时，在南纬 61 度、东经 63 度形成的较大气旋，逐渐开始给正沿东北方向斜穿西风带的"极地"号，带来重大影响。此前两天，我在稿件中，都曾提及有气旋活动。但前一个气旋，未构成对我们的威胁，就已经消亡。而后一个，没想到竟与我们迎头相撞。由于它生成的位置，仅位于我船西北约 450 海里，为了减轻船体摇摆，船只向偏东方向三次修正航向，并开启了减摇装置。尽管如此，在 6 日凌晨的一次横摇，仍达 30 度。由于涌与浪的不规则运动，使得船只形同醉汉，在上、下、前、后、左、右六个方向沉浮摆动。我在当天的笔记中，曾这样写道："所有海水形成的力，似乎都是为了把我船拆散、撕碎。"

不少队员被海浪呼啸声，以及船体结构被扭曲时发出的各种声响惊醒。他们在得知遇到了特大气旋后，个别人除外，均未再能入睡。船上关闭了所有通向甲板的水密门，实行封闭航行。船上还下了死命令，任何人不得擅自走出舱室。否则一旦掉海，为保大船安全，本船不予施救。此外三餐从简。我问了一下，中午饺子，晚上面条。此时天色黑暗。夜幕中，那些被涌高高拱起的青色浪头，很快被疾驶的长风吹成白色，并被撩起一根根长达几十米的"银色发辫"，不停地在空中飘舞、消散。这不禁使我想起那句老话："谁道人无烦恼，风来浪也白头！"

我船的遭遇，引起了国内的高度关注。两位报务员一夜没睡，他们告诉我，逢到半点钟的时候，"极地"号就被要求要向国内报一次平安，通话内容虽然简单："我无事。请在××频率保持守听。"一小时就通话一次，还是大大出乎我的预料。"什么情况下才会用到这么高的联络频率？"我问。"当然是非常时期！"

进入 6 日白天，风力保持在十级左右，风速达 27 米／秒。站在驾驶台望去，天空乌云低垂，海雾弥漫，船只犹如行驶在一锅沸水之上。万吨级的"极地"号，一次次被海浪高高托起，又一次次重重下跌，船首的上下起伏，在 20 到 30 米之间。南半球的气旋，等同北半球的台风。这个在极短时间内形成的气旋，在与船只的相对运动中，围着"极地"号从西北、西南，到正南、正东，绕了 270 度。这场遭遇战，在 6 日晚间进入高潮。记录到的最高风速达 35 米／秒，风力超过 12级。一排排高达几十米的涌浪，在船首前竖起一道道高墙。"极地"号一次次扎向墙角，又一次次破墙而过。由于气旋的移动速度是船只的两倍，同样高度的涌浪，也不时从后面向船体袭来，景象惊心动魄。一位船员老兄曾拍着我的肩膀，打趣道："怎么样张记者，没见过这阵势吧？咱们这叫'同舟共济'了一把，对吧？！"他说者无心。但面对此情此景，当我再次听到这个非常熟悉的成语时，感觉到心灵还是受

十四次队返航船过西风带后，作者正与队友在后甲板下棋。

"雪龙"船航行途中，考察队员们在跳舞。

到了某种触动。

就在船长发出禁止擅自走出舱室的命令之前，我犯了一个至今都心有余悸的错误，就是在没有任何保护的情况下，决定到左侧主甲板去"感受一下"。从小就知道有台风，还有什么10级大风、12级大风。它们到底什么样？我觉得我必须亲身经历了，才能对我的读者讲清楚。于是我来到了一处水密门。用力一开，门比往日沉了很多。我很快明白了，这是由于船体正向相反的方向摆动，必须借力而为。出了舱门，站到露天，我发觉船体的摇摆原来这等可怕，每一次的一左一右，都有大厦将倾的恐怖。更可怕的是风，那不是吹在脸上，而是伴着"呜——呜——"的长啸，抽在你的脸上，打在你的头上，让你的眼睛很难睁开。我觉得体验够了，抓住右侧舱室外的金属固定梯子，想试着转身回去。但这时，我忽然下意识感觉在我的头顶，有一个巨大的阴影罩住了我。我本能地抬头。天哪！一块几丈见方的硕大水体，就悬在我头顶上的几十米处，而且随时会以自由落体的方式，砸将下来。我的心一沉，立即靠紧梯子，用两手死死抓住，并让身体重心上移，闭上眼，等待着这重重的一击。但一秒、两秒过去了，水并未落下。其实，我看到的水体高悬，完全是由于船体与水体相对运动造成的视差。巨大的水体没有砸下来，而是垂直塌陷下去。但它造成的后果是，船体接着就被海水又一次高高举起，而正在重心上提，准备抗击落水的我，也就随着船体一下"飞"了起来——真的是太悬了！我当时的感受，只能用"魂飞魄散"四个字形容。

此时的魏文良船长，站在驾驶台的风挡玻璃前，双眉紧锁。他已24小时没有合眼，嘴唇的上侧和左侧都起了红泡。船员小隋来给他送饭，轻轻地招呼道："船长，船长，吃点吧，您都两顿没吃了！"船长头也不回，只是用他背在后面的手摆上几下，算是回答。他告诉我，这是"极地"号跑南极以来，遇到的最恶劣海况。我清楚，对于船长而言，此时的压力，有如山重。船上的100多位科学家，都是国内科研领域的精英。但限于国力，"极地"号是我国从芬兰买的一条旧船改装的，买来时的船龄就有 14 年。最致命的，它是单主机，一旦有失，大船就将不保。西风带，风大，浪急，气旋多，但又是通往南极的必经之路。因此各国跑南极的船，都是双机。此时，由于船只在左右摇摆的同时，前后倾斜也在不断加大，螺旋桨全部露出水面的空转次数，越来越多。多到什么程度呢？据我当时在风浪最大时到轮机舱的采访，他们按照船上的要求，曾做了认真的统计。起初，以为有个 10 次、20 次的，就不得了了。结果，很快就突破了 50 次。他们跟领导一汇报，领导说算了吧，50 次已经是破纪录了，不用再统计了。结果，"多达 50 次以上"就成了总结时的标准说法。我事后采访了几位当事人，他们都说，空转次数应该在 100 次以上。所谓空转，船员管它叫"打飞轮"，就是主机一旦甩掉所有负荷，会猛然加速，这个时候，非常容易烧毁。主机坏掉的后果是，一个浪把船打横，再一个浪，就把船打翻。更糟糕的是，由于风浪太大，"极地"号即使遭遇不测，第一，救生艇无法施放；第二，没有人会施以援手。事后，有人曾问过魏船长，问他当时站在驾驶台一动不动，在想什么？船长答："我在想，万一需要弃船，这个命令我怎么下？！"

最大的一次险情，终于在当晚 22 时出现。一个大浪，追打了"极地"号的船尾，据当时船上的估计，浪头有 20 米高，计十吨以上的力道。船内二层主甲板右侧走廊首先告急。该走廊地面距水深线 12 米，在其后面，还有呈 90 度角的一排金属实验室，走廊与实验室之间仅为宽约两米的横向通道。在一排巨浪扑来之后，走廊木质后门及门框全被豁开，急急的水头像长了手，把走廊内 40 米长的纤维地毯全部打卷，并迅速涌入右侧数个房间，深可没膝。当时船上二管轮正在房间休息，他第一个闪念是："船完了！"因为在这个老海员看来，船没沉，怎么会有这么多的海水，这么急地涌入他的房间？此时，真正的危机出现在后甲板，这里已被洗劫一空，包括工作舱在内的所有可移动和不堪重力的物资，均已无影无踪，金属制的大洋调查网具被严重损坏，更可怕的是，两个由八颗一厘米直径螺母固定的柜式蒸锅，也被打到了右甲板走廊。然而，真正要命的是，四根盘整坚固的七厘米直径缆绳全被打散，其中一根有百余米冲入海中。这个情况最为危险。缆绳着水，会开始下沉。一旦缆绳缠住螺旋桨，那与主机停运的后果相当。只是这些情况，一时还不为更多的人所知。

很快，船上广播喇叭里传出了考察队副队长国晓港的声音，他在通知有关人员立即赶到左餐厅报到，听从大副韩长文的指挥，并要求穿好救生衣。我当时正在一处采访，听到这里，知道出事了，立即往左餐厅跑。当我赶到的时候，这里已聚集了几十个人，正在紧张议论。我凝神细听，很快明了了事情的全貌，尤其是听清楚了那个关键词："抢缆！"顿时，我觉得血在往头顶上撞。此时抢缆，无异虎口拔牙，九死一生。"抢缆，我去！""我也去！""算我一个！"……餐厅里顿时嚷开了，没有人退缩。正当队员们争个不停的时候，有六名船员悄然现身。第一个是"大侠"付金平，然后是大副韩长文、水手长郭坤……他们谁也不说话，目光硬硬的，径直走向通往后甲板的窗户，依次跳了出去。有人曾递给他们绳子，但遭到了拒绝。在场人的心，一下都揪了起来。大家明白，这时候只要再有巨浪打来，他们将不翼而飞。我看到，很多人，包括我自己的眼睛，湿润了。有人开始啜泣。这时，忽然有个女队友，带着哭腔喃喃说道："老天爷，你睁睁眼，保佑保佑我们中国人吧，我们中国人，真的太不容易了！"她的话，像锥子一样，刺痛着每一个在场人的心。但显然，这个时候不允许我们用更多的时间，去放纵自己的情感。

不料，六位船员来到后甲板后，一下就遇到了三个难题。第一是风大，眼睛被吹得睁不开。开始时还头皮发麻，很快就变木了。到了后来，嗓子被吹干了，相互之间说话都变得费劲。第二是船尾在涌浪的作用下，起伏太大，上下摆幅在10～20米之间，使人就像站在大幅摇荡的秋千上，很难站稳。第三是被打散的缆绳散乱在甲板上，可甲板上没有光源，黑成一片，他们只能借助手电的微弱光亮，艰难地一点点理出头绪。但他们很快镇静下来，开始了争分夺秒的紧张操作。事实上，从一开始，他们就做对了一件事情，就是拒绝了每个船员都拴上绳子的建议。道理很简单：绳子细了，遇到大浪没用，反而在黑乎乎的环境下，让船员们无法作业。他们的做法简单明了，把一根缆绳拴在了一名船员的身上，这样其他人在站立不稳或一旦漫水的情况下，完全可以救急。至于遇到大浪，那就只有听天由命了。

这里还有一个细节。在船上的四根缆绳中，有三根的材质是丙纶的，只有一根是尼龙的。丙纶材质的分量轻，入水后会漂在海面。那晚，冲到海里的，恰恰是丙纶的，不过这是只有人到现场后，才能搞清楚的。应当说这是我们的万幸。但是这并不等于说，丙纶的就没有危险。我在前面讲过，由于船体的前后倾斜不断加大，致使螺旋桨露出水面的次数越来越多。换句话说，即使丙纶的缆绳漂在水面，在这种海况下，螺旋桨也会自己来"找"缆绳。因此，当船员开始把缆绳送到窗口的时候，在副队长刘小汉的指挥下，我们迅速站成两排，齐声喊着"一二三""一二三"的号子，把船员们送进来的缆绳，快速收进餐厅。实际上，船员兄弟们不光打捞了入水的那根缆绳，而是后来在考察队员的帮助下，把其他三根也收进了餐厅，彻底根除了这一隐患。幸运的是，这一时刻，老天爷真的睁眼了。就在抢缆的这30多分钟里，风，竟然弱了，浪也小了。只有三次，海水漫上了后甲板。还有一次是由于风大，把浪头吹到了船员的身上，才打湿了所有的人。实际上，直到船员们回到餐厅，风浪才又开始加大。

参加完抢缆，我来到领队的房间，向他请教了有关气旋的问题。作为老航海，中国人首征西南极，他曾出任两船编队指挥组组长。一路下来，我们相处融洽。谈话中间，张领队忽然问道："小张，你怕吗？"问完，他的两眼直直地望着我。"不怕！有您，有船长，有这么大的船，能出什么事呢？！"我平静地回答。但令我想不到的是，他并没有按照刚才的逻辑谈下去，而是低下头，自言自语起来："黄海，日本海，我们都有船沉了，那都是在家门口啊，唉——"张领队的这声叹息，让我想起了船长那紧锁的双眉。我知道，他们的责任和压力，是共同的。作为一名随队记者，我真心地感谢领队的信任和率直。但此时此刻，我开始意识到，事态可能远比我理解和想象得严重，甚至，新的意外随时都有可能发生。我想法上的这种调整，还源于这一天多我的一项观察。遭遇气旋后，我有意无意地接触了几十个人，却发现整体上，不仅船员比队员紧张，而且领导还比群众焦虑。起初，我为此感到困惑。但通过一些深度的交流，加之刚才领队的一番言语，让我看清了其中的区别，这就是船员与领导，更了解大海，他们更多地领略过她的无情与威力。其实，就在我到领队房间之前，我的"眼线"们，已经告诉我，有人在偷偷地流泪，还有人开始在写遗嘱。而这几位队友，就都是有过较多远海经历的人。

我向宿舍区走去。在经过走廊的时候，我忽然感到了某种不正常。所有房间的门都虚掩着，里面的人更没有睡觉，而是在忙些什么。等我回到房间，才知道了原委。我们的室长老汤，急忙告诉我，就在刚才，队里有人来过了，一个房间一个房间地通知，让大家看好自己救生衣的位置，并告知，睡觉的时候，门不能关死。当然临走的时候，他们也都会交代一句，我们的船很安全，让大家放心。我意识到，船队领导这架机器，在准确、高效地运转。全船上下，正在这场灾变面前，力争最好的结果，但显然，也在准备着面对最坏的可能。更让我感动的是，全船上下，110口人，老老少少，没有一个人惊慌失措。即使有人有着更多的心事和牵挂，他们也在默默地自我消化。而这，正是20世纪80年代，中国人的力量所在！

老汤是位老海军，参加过西沙海战。他提醒我说，现在大家都在悄悄地准备，让我也想好，一旦作出弃船部署，怎么办？他特别叮嘱：

"到那会儿，是不会让你带很多东西的！"此时对他的话，我是完全信服，并开始收拾一旦逃生必须带走的东西。我拿出一个塑料袋，装进了那八个写得满满的采访本，拍完的几十个胶卷，还有那个可能用得上的相机。收拾完，我感到一阵强烈的困意。这才想起，我已经30多个小时没合眼了。我爬上床，躺下，却怎么也睡不着。我猛然想起，还有一件最重要的事情没干，那就是一旦弃船，我必须向国内发回最后一篇稿件，因为船上逐日发稿的文字记者，就我一个。只是，真到那时，报房会很忙，我的这篇最后的报道，却绝不能写长。于是我开始构思腹稿。我至今清晰地记得它的内容。我先是简要回顾了24小时以来的海况，讲述了"极地"号面对命运所做的抗争。然后我代表所有队员和船员，向他们的亲人和祖国致意。稿件的最后一句话是："中国青年报万岁！"

一个月后的4月7日，疲惫的"极地"号终于驶入青岛港锚地。当晚，所有人一起，吃了散伙饭。我挨桌敬酒。当我来到坐着一桌船员的餐桌时，愣住了：没人动筷子。再一细看，那晚去抢缆的六个船员，悉数都在。我问："为什么不喝？"其中的一位答道："不是不喝，是提不起兴致。张记者，你给咱说个词儿，我们就喝！"我知道，这些在地狱门口走了一遭儿的汉子，是想有人给他们找到一个情感宣泄的机会。我思索了片刻，几乎是一字一顿地说道："我是搞文字工作的。来，为我今生今世，绝不再轻用'同舟共济'这个词，干杯！"

他们停顿了一下，懂了，哭了，然后与我一道，高举酒杯，和着泪水，一饮而尽……

至今，我严守着这一承诺。

24 /
探访"青年"

　　根据中国、俄罗斯和澳大利亚三国极地考察管理部门达成的协议，三方将合作在中国中山站和俄罗斯进步站所在的拉斯曼丘陵的冰盖上，合建一座飞机场。尽管此事最终没成，但为此，十四次队的时候，"雪龙"号船在从长城站前往中山站的途中，还曾经专程在俄罗斯青年站停留，以便装运建设机场用的六台大型设备。于是包括媒体记者在内的部分队员，有幸登上青年站，并在那里度过了难忘的三天两夜。

　　能在全俄第一大站、南极第二大站的青年站生活数日，那是"南极人"的一份殊荣。该站位于南纬67度40分，东经45度51分，建于1962年，几经扩建后拥有装备良好的大功率无线电中心、科学馆、综合实验室、计算中心，以及向大气层发射大型气象火箭的发射场，和一处冰上大型机场。该站主要的科学研究项目，有极光、电离层物理学、地磁学、冰川学和海洋学等。全盛时期，这里可供500人同时工作，是一座名副其实的南极人类城。

　　1998年1月11日，"雪龙"号船顺利抵达青年站所在的水域。由于冰情等原因，我们一行人不能立刻上站，大家就在船上远眺。远远地看去，青年站密密麻麻的建筑和高耸的天线阵，似乎在隐隐地提醒我们，这里所具有的实力与威严。两天后，当我们终于离开运送我们的老中山艇，登上青年站的时候，在岸边迎候我们的，是几位俄站朋友，和一辆绿色的履带式水陆两用装甲车。这种车七次队时我坐过多次，着实不舒服，真不想坐。但主人安排周到，我们也只好客随主便。一路上果然是前仰后合，颠簸不止。好在只有十几分钟，我们就到了地方。

一下车，只见站区办公栋高扬着俄、中、日三国国旗。同来的只有一名日本科学家，但他依然享受了在南极的最高礼遇。这是南极的规矩，也说明这里的一切运转正常。登上站区制高点，可以尽览站区风貌。不算小的观测点，仅大型建筑，就有近50栋，其中几处是两层的。四个大型天线场气象森然，每个都由数十根十余米高的高大天线组成。有专门吊运火箭的全金属轨道装置，全长500米。最南端为机场跑道，五架伊尔－14支线飞机静静地爬在风雪之中。看到此景的中方队员无不感慨：苏联在南极，曾投入了何等巨大的力量！

直到这时，我们才知道在陪同我们的几位俄方朋友中，有一位叫普加乔夫的，是他们的站长。他果然有领导风范，一旦亮明身份，就挨着个地与大家握手。我忽然发觉，这位站长很像一个人，就是电影《列宁在1918》中的"布哈林"，宽阔的前额，瘦而泛红的脸庞，一双大而谦卑的眼睛，总是湿润的眼眶。不同的是，"布哈林"只有一撮白胡子，而他的有一堆。普加乔夫站长热情地招呼我们，并说有几个可供我们游览的景点，非常值得一看。于是我们便随他而去。

然而，大出意外的是，当我们走进这些"景点"的时候，心中却开始充满了莫名的悲哀。原来，该站这些从外观看起来依然精良的设施，已大多废弃。在一栋主要的生活栋内，建有可供200人同时就餐的大型餐厅。但由于多日不用，桌椅板凳一片狼藉。餐厅的楼上，则为120人的豪华电影馆，全为真皮座套。但此时到处是尘土，一看就是已很久无人光顾了。电影馆的隔壁，有一个房间，堆放着大量的装着电影胶片的圆铁盒子，我数了一下，应当有数百部。只是在一个角落，还有一架115型的精致钢琴。我们掀开琴盖，随手弹了几个音阶。从优美的音色和无误的音准看，最近还是有人弹奏过。

于是我开始感到困惑：普加乔夫站长为什么要张罗我们看这些"景点"？在我看来，这些"景点"既说明了该站伟大的过去，可也同时袒露着该站颓败的今天。在冰盖机场，同样的情境也让我们唏嘘不已。我和队友们仔细查看了塔台和每一架飞机。塔台里面的混乱程度，像是刚刚经历过一段十人以上的群殴。至于飞机，说它们是一堆堆的金属垃圾，已毫不为过。所有飞机的机门，都是开着的，机舱里都清一色地堆了个大雪堆，有的雪堆已经把机舱占满。飞机的驾驶楼，由于仪表盘都被拆得七零八落，看上去都成了"蜂窝"。飞机的外部就更是可怕，或没有机翼，或少了机尾。

尽管我们都在克制，普加乔夫站长还是能从中方队员的表情和言语中，看出我们的失望。但每到这时，他都会说上一句："我经历过我们最辉煌的时候！"上到青年站后，我方有队员就听说了，该站可能关闭。而我们眼前的所见，似乎都在印证着这一点。于是，有中方队员不断向他核实此事，但他却不像其他俄方人员那样坦率，总是躲躲闪闪，从不正面回应。57岁的普加乔夫站长，一度成了谜。

我们登站的这天，正值俄历新年。俄站的供应之差，大出我方的预料，新年的菜谱也只有两菜一汤。排队打饭的时候，我由于想吃鸡蛋，便用英语说了一遍。不料俄方除了站长的英语半路出家外，很少有人能说上几句，分饭的师傅更是听不懂。于是我急中生智，学了几声鸡叫，才大功告成，被分饭的"奖"了三个。我事后才知道，由于供给困难，那天是一人一蛋。在了解到该站的情况后，我方立即给他们送来了200斤大米、五箱啤酒、五箱苹果和150斤的牛肉和猪肉。

俄罗斯人待人豪爽、诚恳，工作作风更是勇猛、顽强。为了完成中俄协议中大型设备的装运，新年这一天，他们还在干活儿，而且拼尽了全力。但夜晚属于欢乐。在几个场合，中俄朋友聚集一堂，饮酒高歌。语言成了我们交流的极大障碍，但音乐是没有国界的。没话说

中俄队员在喝交杯酒。

俄罗斯青年站站长普加乔夫在与中方领队话别。

了，大家就唱，从《莫斯科郊外的晚上》到《红梅花儿开》；从《喀秋莎》到《三套车》，实在没的唱了，就唱《国际歌》。其中最扫兴的，是在兴头上，却没了伏特加。

酒没了，但兴头还在。于是我们就开始互相串门。我至今还记得我串的那两个门儿。主人的名字都忘了，但事情都还历历在目。我串的第一个门，印象最深的，是主人在一进门的墙上，贴了好多的人像。先是一排横的，从左到右分别是马克思、列宁、毛泽东，其中前两者的人像，都是我们熟悉的。而毛的，却是新中国成立初期的照片。这样的照片就是在中国，也不好找了，却不知怎么被主人搞到的。

这三张人像的下面，是一张与性有关的图片。再下面，是一张戈尔巴乔夫的彩照。于是我就问主人，对这几个人怎么评价。我先问了马克思，他没有明确地表示什么。然后我问到了列宁，他伸出了大拇指。我又问到了毛泽东，他又伸出了大拇指。等我问到了戈尔巴乔夫，他也伸出了大拇指，但很快，就把手势翻成了拇指朝下，而且他的表情，是一脸的不屑。

那晚我串的第二个门儿，是在医疗栋，我被一个大胡子的高个儿，叫到了他的屋里。他一开口，就用英语问我："日本人吗？"我告诉他："不是，我是中国人！"但好像从这句话开始，他就再也听不懂我的英语了。于是我就采用迂回的方式，用"北京""毛泽东"点醒他，可他还是一个劲地摇头。突然，他像猛地开窍了似的，冒出了一句："郭沫若达瓦利什（'达瓦利什'为俄语'同志'）？"我愣了一下，立即明白了是怎么回事。因为他能说出我国著名诗人郭沫若的名字，就说明他已经知道了我是中国人，于是我急忙连着说："Yes!Yes!Yes!"虽然我们沟通得并不好，但我们俩都非常高兴。他请我入席用餐。我看到桌子上摆了好几个盘子，盘子里放着俄式香肠、红枣、西红柿和黄瓜。我知道，后两者都是俄站人员在房间自种，用来给自己打牙祭的。于是我没动其他，只吃了一段香肠，喝了两杯40度的伏特加。

　　来南极，我是以中国青年报特派记者的身份，现在又到了著名的"青年"站，因此采访几位典型的年轻人，似乎成了题中之意。但没有人知道，偏偏在这个青年站，找一位35岁以下的年轻人，真的成了一件很奢侈的事情。最终，我是在发电栋找到了32岁的爱列克，他几乎不懂英语。我们从"你""我""妈妈"的概念开始繁衍，用画画的方式开始交流。他是第一次来南极，有两个男孩，其中一个是现在的妻子带来的，她是小学教员。他说，与他们的付出相比，这里的报酬太低。他最大的心愿，就是想回国后买一辆汽车。

　　就在青年站的第二个白天，我们是在不经意间，发现了这里的墓地群，于是我与三位队友，一起前去拜谒。11个墓地呈阶梯状，从高到低排列下来。每个墓地都有墓碑，墓碑的上面，印有11位死者的生前照片。棺椁都是金属的，白灰色。每个棺椁，都用金属栅栏围了起来。还有一个，旁边放了一个螺旋桨的桨叶。后经了解，早在1956年2月12日，就有第一架飞机飞来此地。1992年，该站机场关闭。关闭的原因，是事故频出。1979年，因空难摔死三人。1986年，又有八人因大雾及飞机没油遇难。望着这11张年轻的面孔，我心潮起伏。他们都是青年站的功臣，都是人类的极地英雄。于是，我们怀着虔诚的心情，为每一块墓地，放置了一块石头。

　　在以贾根整领队为首的我方，专程拜访了俄青年站后，俄青年站也对"雪龙"号船进行了回访。酒席间隙，我与普加乔夫站长有机会对坐。他是一名地质学家，曾到过北极，并六到南极。我问："为什么要叫青年站呢？"他笑了："你是嫌这里的青年人太少了吧！现在这里的条件变得艰苦，年轻人更愿意从事商业活动。"我说，我们就要分手了，能告诉我贵站可能在什么时候关站吗？怕他还不回应，我又专门补了一句："苏联在南极做了伟大的工作，我们很是欣赏！"他迟疑了一下："几天来，我们已发现中国朋友对我们其实很好……"然后他伸出了三个手指："大约在三年以后！"

离开"雪龙"船的时候，普加乔夫站长执意留下一箱伏特加酒，这使我方深感不安。他的这一"极要面子"的举动，倒使我似乎明白了，当初他张罗我们去看那些"景点"，是因为这些地方寄托了他挥之不去的"南极第二"的情结。在外人眼里，这些地方反映的是"衰败"。而在他眼里，这些地方代表的却永远是"辉煌"。他的这一情愫，正是俄罗斯民族生生不息的动力源泉。

　　小艇走远了，普加乔夫还在用力摇着双臂。"他是在尽力维护着俄罗斯人的形象，"当时我想，"可惜，他不再年轻了！"

25 /

深入内陆

　　1998年2月3日中午时分。三辆威风凛凛的240马力履带式红色雪地车，连同拖挂的四台雪橇，静卧在中山站区附近的冰盖边缘。四台雪橇分别为乘员舱、发电舱、生活舱和卫生油料舱。明媚的阳光下，执行十四次队内陆冰盖考察的八名队员列队车前。贾根整领队手把酒盏，依次为他们斟酒壮行。当地时间12时35分，随着出发令下，车队缓缓前行，几十分钟后，消失在一片无际的白色之中。

　　此番考察，方向正南，往返同一路线，单程500公里，将围绕全球变化研究这一总体目标，属于中山站至"冰穹A"整体断面计划的组成部分。这一年的任务是，在前300公里，复测过去由澳大利亚所设的物质平衡标杆；在50公里一个的大点，进行GPS定位；沿路采集雪样，对雪进行常规物理观测和气象观测。在后200公里，还要续设物质平衡标杆；在两个大点，挖两个三米以上的雪坑；在南纬73度59分、东经76度40分的折返点，不仅要打出冰钻，意味深长的是，还要抛留15桶航油，为下一步考察储备物资。

　　八名队员中，有博士两位，博士研究生一位，最小的时年25岁。其中机械师王新民，参加了上一年度十三次队300公里纵深的考察，队长李院生则参加了日本对"冰穹F"1100公里的考察。对所有深入南极冰陆的车队来说，他们需要防范的危险包括：一是冰裂隙，历史上，日本和英国就都有过车辆掉入裂隙，日本的损失是车辆报废，而英国的六名队员则全部遇难；二是车抛锚，因此在八名队员中，机械师就占了两位；三是失火，越往南走，越是干燥风大；四是恶劣天气；五是冻伤；六是高原反应。然而，他们为这20天的远征所提出的口号却是："愉快度过每一分钟！"

车队出发后，每天都要向站区报告情况。至2月9日14时，他们顺利通过了预定路线的300公里处。这意味着，他们已经把由澳大利亚人当年开出的路线，抛到了脑后。当时，他们遇到的最大风力是18米/秒，最低气温是－26摄氏度。由于已到达2100米海拔高度（相当国内2900米），有些队员出现了轻度高原反应。

对于时年32岁的冰川学博士孙波而言，他的工作也由此发生了重要变化。在300公里以内，他是在复测1992年由澳大利亚人设立的物质平衡标杆。而此后，他要代表中国人，设立这些标杆了。杆就是竹竿，每根长四米，其中的一米要插入冰下。而所谓"南极大陆的物质平衡"，说通俗了，就是研究大陆冰盖的增减。至于冰盖的增减与我们有何种关系，可简单用一喜一悲来概括。

先说喜。现在不仅中国，全球总体都缺淡水。而总量为2800万立方公里的南极冰盖，成了全世界最大的固体水库。有人估算，这可够全人类用上7500年。如此说来，如果不考虑冰盖对气候的调节作用，还是冰盖越大越好。那么，南极冰盖每年能增加多少呢？有材料称，每年十厘米左右。冰盖的"收入"来自降水，基本就是降雪，但它的降雪极不平衡。在内陆，降水量简直比撒哈拉大沙漠还少，实为最干旱的大陆。因此它的降水到底有多少，又如何分布，必须把握准确。

再说悲。有人大胆设想过，南极冰盖一旦全部融化，全球海平面最少上升数十米。由此，全球陆地面积将缩小2000万平方公里。而在正常情况下，冰盖的"支出"主要包括四个部分：一是表面蒸发；二是底部消融；三是冰山崩解；四是快速冰流。因此对冰盖的减少，也应当有一个基本了解。

面对这大悲大喜，孙波们的办法很是简单，竹竿一立，每年测上一遍，降雪是多是少，一目了然。以后随着各国内陆考察的次数多了，剖面、竹竿也多了，总的情况就会了然于胸。当然，这种数据的积累，要有很多年的叠加才有意义。孙波说："科学家就是要管以千年计的事情！"

显然，光有降雪的厚度还不行，还要测雪的密度。车队每行八公里，来自中国极地研究所的孙波，都要挖掘一个雪坑，深度要能见到上一年的雪。他携带了一把专用密度铲，再辅以专用弹簧秤，密度问题便迎刃而解了。行前我曾问孙波："你的事挺啰唆，一个人干行吗？"他笑了："怎么可能？肯定全是一起干！"我想也是。环境越是恶劣，人心越会齐整。也许，这也是一种平衡吧。

在两个意义上，时年25岁的博士研究生王清华，都成为车队的"眼睛"：一是为冰川考察服务，他要在每次宿营时，进行高精度的GPS定位；二是在茫茫冰原，直接为车队导航。他携带了一台高精度的测地型GPS接收机。从1979年到1993年，美国陆续向两万公里高空发射了24颗定位卫星。其共分六个轨道，每个轨道四颗，轨道间的夹角60度。这样在地球的任一地点，均可同时观测到其中的四颗卫星，并根据三点一面的道理，随时进行实时定位。本队接收到的数据经过差分改正后，可望达到厘米级精度。差分改正，是通过与设在中山站区的"基准GPS站台"的联测实现的。为确保方向正确，车队共带有导航仪四台。但行前，王神秘地告诉我："我们最后决定，还是带上一只罗盘！"

到达折返点，是队员们期待的。但最艰巨的工作，也随即展开。来自中科院冰川冻土研究所的张永亮，负责在冰盖上打出50米深的钻井。他用的是国产电动冰芯钻，冰芯直径为95毫米。这类钻由人工手提操作，钻头无压力，靠自重和切刀旋转推进。一般情况下，一钻的深度为60厘米左右，冰芯分段取出后，经妥善保管将其运回国内进行分析。经过14小时的作业，张在队友们的协助下，打出的冰芯总长为50.5米。

冰芯具有极高的研究价值。它存储了两类信息：一是气候信息，包括历年的气温、降水等；二是环境信息，包括大气中的悬浮颗粒、火山灰、工业污染杂质和宇宙尘埃，以及甲烷和二氧化碳等造成温室效应的各种气体等。冰芯越长，代表的年代越久，信息量就越大。

此行，车队的时速根据设计不会超过20公里，而车距则要求保持在20米以上，主要是为防止突发的雪暴天气、冰裂隙和疲劳驾驶。所有八人，要轮换开车。停车的时候，要求所有的车辆和雪橇的摆放，要与风形成45度角，这样就可以避免大雪将车门堵死。另外还要用救生绳，将所有车辆和雪橇连接，以避免风雪天人员走散。他们的用水，取自化冰，因此将不能洗澡。一路上他们吃的，是由国内东航为他们准备的航空食品；如厕，则用的一种专用免冲洗卫生间，单价在万元以上，其塑料袋可降解，用后可全部带回国内。

实际上，在出发后的第三天，他们就遇到了较大的风雪天气，风速达18米/秒，能见度只有五六米，车与车之间只能看见彼此车顶的双闪报警灯。此后，风与雪就与他们如影随形。由于深入内陆，气温越来越低，数次降到了-40摄氏度以下，最低的一次是-44.5摄氏度，导致两名队员在有防护的情况下，仍然轻度冻伤。

为了这次远征，从车辆的准备到人员的配备，有关方面做了精心安排。可能有人会问：我们花这么多精力，就是为了插那几根竹竿吗？当然不全是。南极大陆终年被冰雪覆盖，夏季露出的基岩地带不足5%。然而目前人类的科学考察活动，主要就集中在这5%的地区。但南极更多的科学之谜，埋藏在南极内陆深处。细心的读者会发现，正是通过十三次队和十四次队两次内陆考察的铺垫之后，中国在东南极的内陆考察开始发力，已然跃上了一个崭新的台阶：

领队正在为准备乘车进入内陆的考察队员敬酒。

——格罗夫山，是一片山区，幅员3200平方公里，距离中山站460公里。它蓝冰铺地，冰峰起伏，是当时南极少数未经任何国家科考过的地区之一。1998年，刘小汉博士率队一行四人，第一次成功攀登格罗夫山，成为世界上第一支进入该地区的科学考察队。1999年，刘再次率队一行十人征服此山，取得大量科学数据。

——2005年1月18日，中国第21次南极考察队从陆路实现了人类首次登顶"冰穹A"。2005年11月，中国又首次对格罗夫山地区进行了为期130天的科学考察活动。由于率先完成对"冰穹A"和格罗夫山区的考察，中国最终赢得了国际南极事务委员会的同意，在"冰穹A"建立科学考察站。

——2009年2月2日，当地时间上午9时25分，中国南极昆仑站正式开站。该站是中国在南极建立的第三个科学考察站，也是中国第一座、世界第六座南极内陆科考站，位于南极冰盖最高点"冰穹A"西南方向约7.3公里处，海拔4087米。以昆仑站为依托，中国将有计划地在南极内陆开展冰川学、天文学、地质学、地球物理学、大气科学、空间物理学等领域的科学研究。近期目标是建成可供24名科考人员生活和工作的度夏站，三至五年后，将逐步升级扩建为满足科考人员越冬的常年站。而昆仑站首任站长，正是14次队内陆冰盖考察队的队长李院生。

"冰穹A"又称南极最高点，与经线交汇的南极极点、全球温度最低的南极冰点、地球磁场南极的磁点并称为南极科考的四大"必争之点"。昆仑站在"冰穹A"地区的建立，将成为继美国在南极极点建站、苏联在南极冰点建站、法国在南极磁点建站后，人类南极科考史上的又一个历史性事件。它标志着中国的南极科学考察研究，将实现从南极大陆边缘向内陆的跨越。

——2014年2月8日上午，中国南极泰山站正式建成开站。该站位于中山站与昆仑站之间的伊丽莎白公主地，距中山站522公里，距昆仑站715公里，距格罗夫山85公里，距埃默里冰架接地线220公里，距查尔斯王子山资源区370公里，海拔2621米，是一座南极内陆考察的度夏站，配有固定翼飞机冰雪跑道。它不仅将成为昆仑站科学考察的前沿支撑，还将成为格罗夫山考察的支撑平台，将进一步拓展中国南极考察的领域和范围，使得中国的南极内陆考察，呈现出体系化的优势。

千里之行，始于足下。站在高处，当我们回望起点的时候，便会发现，其中的每一级台阶，其实都是一座丰碑。

由三辆240马力履带式雪地车和四台雪橇组成的车队，正驶往南极内陆。

26 /

阴阳南极

在南极，说得最多的，是女人，来得最少的，也是女人。相当长的时间内，男人在南极流汗（甚至流血），女人在家中流泪，南极成了男性的一统天下。1935 年，一名挪威女性在南极留下了足印。1947/1948 年度，两位美国女性最早在南极越冬。但在当时，她们都是凤毛麟角。直到 20 世纪 70 年代以后，较多的女性越冬，才开始陆续出现。

1974年，有两名女海洋生物学家，在南极越冬。三年后，一位妻子陪同丈夫，在美国的麦克默多站，度过了漫长的冬季。五年后，又有一位女医师，在南极极点越冬。到了20世纪80年代，女性越冬的人数开始迅速增加。比如，一位英国私人探险队队长的妻子、澳大利亚莫森站的女站医、德国诺依迈尔站由九名女性组成的越冬队等，均在这10年间在南极越冬。1990/1991年度，一个小小的高潮出现了。澳大利亚戴维斯站，由艾丽森·克礼富顿女士出任站长，她还率领了三位女性下属，她们分别承担气象、生物和通信工作。虽然后来，女性在南极越冬已不再是轰动性的新闻，但由于相应的问题开始不断暴露，女性越冬，又开始引起社会学家、伦理学家和心理学家的关注。

实际上，南极的性别失衡问题，集中反映在越冬时期。度夏期间，人多活儿多，自然和人文环境相对要好。而越冬相反，千里冰封，雪大风狂，人自孤独，不少国家的越冬队员中都出现过性格变态。在这样的情况下，女性通往冬季南极的道路，注定不会平坦。

我随七次队第一次来到南极时，曾听到这样一则怪事。极夜期间的仲冬节到了，中山站六次越冬队也给德国越冬队发去了相互祝贺的电传，抬头自然写成"亲爱的先生们"。第二天，他们收到了回电，落款却是"全女越冬队"。几年后证实，这确是一支清一色的娘子军，但越冬效果并不理想。谁都知道，越冬呼唤女性。但何以在和尚与尼姑之间，非此即彼呢？我向有关人士请教。揣测的结果，或者女权思想走到了极致，或者是性骚扰酿成的苦酒。据说在有的国家的极地考察机构，就曾把"禁止性骚扰"作为天条。

　　20世纪90年代初，在澳大利亚的霍巴特，召开了一个题为"女性在南极"的会议。会上，一位曾带领八名女性队员越冬的女队长表示，她的所有女性队员，都抱有再赴南极的希望，但最好是参加男女混合队。她说，就她本人的感觉而言，越冬后回归社会时的压力，较进入越冬前的压力更大。曾在南极点越冬的一位女医生这样总结："南极既不是男性的世界，也不是纯粹女性的世界。"这也成为大家的共识。这次会议，后来被冠以"南极生活：男性社会中的女性"的正式名称。意味深长的是，性骚扰也成为其中的话题之一。此后，在1996年的"南极条约国协商会议"上，以挪威为首的一些国家向会议提交议案，要求各国在选拔南极考察队员时，应考虑"性别平衡"。

　　在亚洲，当时只有四个国家在南极建有越冬站。除中国外，还包括韩国、日本和印度。其中，韩国率先实现了女性越冬。十四次队时我在长城站，见到了这位勇敢的李明柱小姐，她正准备登机回国。韩站组队时，她是国内唯一报名的女性，条件合格自然入选。她学的是预防医学，越冬的目的，是想比较一下在南极，到底是治疗重要，还是预防重要。这是一个非常可贵的想法。但她很快发现，更可贵的，还是人的观念。韩站厕所少，有三个，她坚持单独使用一个，但首先就遭到站长的反对。她最不能容忍的，是不少队友从国内搬来的大男子主义。收拾厨房，打扫卫生，她干，似乎就天经地义。性格开朗的李明柱，芳龄28，未婚。

正在长城站访问的韩国首位越冬女队员李明柱。

正在中山站访问的澳大利亚戴维斯站越冬女队员。

她喜欢旅游,到过美国和中国。她钦佩鲁迅。还几次对长城站的中国同行说:"你们中国妇女的地位,真高!"

越冬是否需要女性?两次队下来,我采访了中外许多的队员,包括站长,结论趋同。其中,乌拉圭站曼基尼站长的看法,较为典型。他认为,毋庸讳言,人群中就自然存在着性别平衡。在南极,也一样需要这种平衡。有了女性,越冬的气氛自然活跃,人际关系也易和谐。他举例说,假使有两位男性队员发生争吵,只要有女性在,他们比的,就"不再是声高,而是风度"。我的两次南极之行,不论多寡,皆有女性队友同往。很多时候,只要她们在,没有歌声的地方,能生出歌声,没有笑语的地方,会飘出笑语。在冰雪之国,这是一道别致的风景线。乌站当时实行的是一年三换人制。但每次轮换,都要保证一名以上的女性队员在站。

同样看中性别的,还有英国的南极考察处。2005年,他们出资4000英镑,在《世界主义者》杂志上,刊登了这样一则广告:"诚招:水工、电工、木工。要求:女性,能经常出差,并愿意在-40摄氏度的气温下工作。"看到这则广告的很多人,都产生了疑惑。这是什么职业,为何如此怪异?原来,事主所以要刊登这样一则广告,当务之急,是为了缓解南极大陆上英国科考队"不平衡的两性比例"。当时英国在极地工作的200多名各类人员中,女性只有35名。

不管女性是否接受,她们是后来者,面对的将是男性占绝大多数的小社会,属于"去平衡的"。曼基尼站长认为,这在客观上,就给女性越冬者提出了更高的要求。他认为有三点最为重要:第一,不能为来而来,必须是真正的队员,有自己的分内工作;第二,必须善良,而且成熟,"放荡的女人不能来。"他说,这样不但会把事情变糟,而且自己也将处于危险境地;第三,最好能几名女性一起越冬,"因为同性之间也需要交流"。而实际发生在乔治王岛上的案例,证实了曼基尼站长的判断。据了解,某站曾试行过"站长夫人制",

不料却试成了"夫人队员制",回国后两人就离婚了。于是就有人分析,认为该站的做法,明显犯了三忌:第一,无事为来而来;第二,本人不够自持;第三,缺少同性伙伴。

十四次队共有女将四名。我当时就此问题,专门采访了她们。其中年龄最大的谢思梅教授,曾申请越冬未果。她认为,在物质条件已经具备的条件下,思考这一问题的出发点,应首先是女性权力的实现。她表示,愿携有志的小姐妹一道,尽早实现中国女性越冬零的突破。事实上,在谢教授之前,我国最早参与国际南极考察的中科院地化所的女科学家李华梅,也曾多次表示,希望能到南极越冬。但考虑到南极的生存环境艰苦,站上的各方面条件还不完善等,因而没有批准她们的请求。而当时正在中山站度夏的日本专家星野,兴奋地告诉我,就在1998年,有两位日本女科学家在昭和站越冬,她们的年龄在30～35岁之间。因此,在此问题上,当时的中国一度成了"落后生"。

虽说是千呼万唤,但中国的女性越冬,终于在2000/2001年度的十七次队时,实现了突破。两名女性考察队员,在世纪之交赴南极长城站越冬。她们分别是来自国家海洋局极地考察办公室的赵萍,和北京同仁医院的林清。32岁的赵萍,主要负责考察站的后勤,33岁的外科医生林清,则主要负责队员的健康。在赴职途中的圣地亚哥,她们接受了新华社记者的采访,表示作为在南极冰天雪地中越冬的首批中国女性,感到十分骄傲与自豪。她们会把自己在这一特殊环境中的心理和生理体验,记录在案,为极地科考积累宝贵的资料,为今后我国男女混合考察南极,探索经验。

正是为了保证此举的万无一失,有关管理部门对主动申请赴南极越冬的女队员,进行了选拔和考察。测评条件十分严格,分敬业精神、心理素质、身体条件等几个方面。然后,她们到亚布力的中国极地训练基地,进行南极越冬训练,回来后又进行了心理测试,并进行了女队员越冬有关问题的培训。据悉,在她们之后,我国极地考察是不定期地派遣女队员参加越冬。如果条件成熟，还可能向地处南极圈内的中山站，派遣女性队员，而那里的环境更为恶劣。

　　地分两极，人有阴阳。有人说，就是再不漂亮的女人，到了南极，也会受到最隆重的礼遇。这是事实，更是期待。随着社会的进步，文明的提升，以及包括中国在内更多国家"巾帼"们的优异表现，女性，这朵人类之花，将在南极开放得更加美丽。

27 /

二龙戏冰

在中国南极考察的鸿篇巨制中，先后有两条大龙，上演了二龙戏冰的精彩剧目。它们一条叫"极地"，一条就叫"雪龙"。两赴南极，我有幸分别乘坐了"极地"号船和"雪龙"号船，耳闻目睹了它们的神奇表演。

先说"极地"。

在我乘坐过它之前，就已经闻知了它的不凡经历。那是在五次队的时候。"极地"号驮载着 116 名考察队员和 2300 吨建站物资，于 1988 年 11 月 20 日从青岛启航，直奔位于东南极的普里兹湾。它此行的使命，是要在南极大陆建立中国的首座科学考察站。时年 40 岁的魏文良，也是首次以"极地"号船船长的身份，登上了中国南极考察的舞台。然而魏的亮相，并没有给他和"极地"号带来好运。相反，他们却是在毫无精神准备的情况下，遭遇到了一场到目前为止，再未出现过的劫难——特大冰崩。

有关冰崩的故事，已经被讲了很多。我在这里，也不想赘述。我所叙述的，是在冰崩发生以及发生以后，"极地"号在与冰的周旋中，所表现出的大勇大智。当时的情况是，经过几十天冰区的艰苦航行，就在船只准备靠岸卸货的当口，在船左舷外一公里处的冰盖上，发生了特大冰崩。冰崩形成的冲击波，波及了十几平方海里的海区。成百上千吨重的冰丘和冰块，不断被从高处抛落下来。它们相互挤压着、翻腾着，以排山倒海之势，迅速涌向"极地"号。这个时候，不要说船只承受不了整个冰流的冲击，就是其中任何一块大一点的冰丘的直接撞击，都会带来不堪设想的后果。但这时想跑，已经来不及了。就在这千钧一发之际，不可思议的一幕出现了。大船非但没有掉头逃跑，而是不退反进，它努力克服下流冰块的阻挡，迅速向右前方礁石区的后面机动。礁石和它前面的坚固陆缘冰，像盾牌一样阻挡了冰流，使这小片水域，成了一时的避难之所，也使船只躲开了最初的一劫。

船暂时安全了，但也被大小冰山和碎冰死死围住。后来刮起了12级大风，船上的旗子都刮破了，船却丝毫未动。此时的"极地"号船，又陷入了另一场危机。如果这样被困下去，一是不能完成建站任务，二是更甚者，被拖入南极冬季，那后果更加严重。

冰崩发生后的第七天，在大风和潮汐的共同作用下，考察队员发现，附近的两座冰山之间，出现了约30米的豁口。走，还是不走？不走，等于束手待毙。而走，也由于空当不宽、冰情复杂，并没有十分的把握。如果豁口变得更宽些，会更安全，但这需要时间。魏文良船长乘直升机观察后，认为应当抓紧时间，从这个狭窄水道冲出去。于是，用了一个小时，长152米、宽20米的大船，终于在密密麻麻的浮冰中，调过头来，然后小心翼翼地从两个巨大的冰山中间，勉强驶过。就在"极地"号冲出重围后的两个多小时，考察队员们眼见着，这两座冰山就再度合龙。从此，"极地"号一"崩"成名，魏文良船长在危难关头的冷静与果决，也成了经典。

"极地"号，原系芬兰劳马船厂1971年建造的一艘货船，我国于1985年购进后，投资750万元改装成南极科学考察运输船。它排水量15000吨，抗风能力52米/秒，续航力25000海里。从1986年10月首航南极以来，共完成了六个南极航次，于1994年退役。作为跑南极的船，就必须要与冰打交道。而"极地"号最大的短板，就是它仅具有1A级抗冰能力，没有破冰能力。一般情况下，它只能在冰密度小于四成的浮冰区航行。七次队时，遇到了严重冰情，为了能在夏季结束前卸下足够的柴油，以保证中山站顺利越冬，"极地"号一次次地向大过四成密度的浮冰发起冲击。但其结果是两度被困，一次五天，一次十天。然而，魏船长每每处置得当，浮冰始终没有对"极地"号构成致命威胁。

当然，在冰的面前，"极地"号也不是回回都落下风。有合适的机会，它也会跟对手切磋一把。还是七次队的时候，由于卸油不成，"极地"号又要随时捕捉战机，于是它就在站区的附近随波漂流。然而，起风了，强劲的西风，速度竟达到了38米/秒，这已超过了12级风的风力。此时，船的周围，冰山林立，不远处，就是十成浮冰。而船，又无处可以避风。怎么办？

只见魏船长不慌不忙，他先把船头对准风头，然后让船速从一节起，一点点地加速。到了六节、七节，好了。这时，船速正好与风速完全对冲。远远地看上去，狂风中的大船，却岿然不动，稳如泰山。当然，在风中，冰山会动。但它动船就动，无非是加点速或者减点速。总之，在抗风的这十几个小时内，"极地"号与冰山和浮冰之间，始终保持着最合理的安全距离。事后，我把这些说给年轻的考察队员们听，他们的反应竟然是："天呢，原来开大船还能这么玩呢！"

再说"雪龙"。

我随十四次队二赴南极的时候，第一次坐上了"雪龙"号。上船后，我上上下下地转，里里外外地看，真的是从心里喜欢。它那强壮的身躯，卓越的性能，似乎随时在提醒着我，这是一条完全可以信赖的船只。然而，既然是跑南极，又与冰打交道，何来百分之百的安全呢？就在我的此行，就出现了一连串预料不到的险情。

当时是"雪龙"号从长城站出发，前往中山站，中途到俄罗斯青年站装运大型设备。到了对方锚地后，由于冰山林立，加上他们提供的海图不准，第一个锚地竟找了六个小时也不见踪影。第二个锚地找

七次队时，正在冰区指挥航行的"极地"号船船长魏文良。

十四次队时，正在设计航线的"雪龙"号船船长袁绍宏（左四）。

得还算顺利，结果没待上多久，一块50米高的巨大冰山，就闪着寒光压了过来，令"雪龙"被迫转移。真正的危险，发生在队员们从俄站返船的当日。当时海上风力五至六级。为保证艇驳的安全，大船尽力靠向了岸边，并在两座被礁石搁浅了的冰山后抛锚。当时大家都以为这是万全之策。不料，艇驳正在上人卸货之时，其中的一座大冰山却突然移动，并直直地向"雪龙"一头撞来。

在这紧要关头，既要保证正在进行的作业，又要规避冰山。大船充分利用性能，先使船体左摆，不行又拖着锚链前冲数百米，后又为保护锚链全速倒车，整套动作操作精准，一气呵成。当时我正站在舷边，目睹了这惊心动魄的一幕。当艇驳刚刚撤离，冰山即在船舷外的两三米处，与船"擦肩"而过。在此过程中，除了与我同行的羊城晚报记者刘刚的手被挤伤外，其他人员及船艇均安然无恙。正是这件事，使袁绍宏锋芒初露，也使考察队员们更多认识了"雪龙"号，并开始接受它的新船长。此行，是32岁的袁第一次以"雪龙"号船长的身份履职。也许是为了给他更多崭露头角的机会，在十四次队从中山站撤离的时候，又有一道难题，摆到了"雪龙"面前。

当时船只离开站区海域不久，刚刚摆脱了大量浮冰和冰山的纠缠，正开足马力，一路北上。所有人都松了口气。我也回到房间，躺下休息。但船走着走着，我透过舷窗，忽然发现海况出现了异常，原来浮冰和冰山又多了起来，而且越来越多。很快，船就开始转向，而且是朝着一个方向在原地打转。我感觉不对，职业的本能告诉我，出问题了。于是我立即跑向驾驶室。此时，船长正先我一步，冲了进去。我明白了，原来船长并没有指挥开船，是别人在值班。

袁只在驾驶室中间位置站了一分钟不到。他没有立即接管指挥权，而是疾步走向驾驶室一边的空间，那里有雷达。我也跟了过去。只见袁船长两手扶着雷达扶手，全神贯注地注视着屏幕，他的眉宇，已经拧成了个疙瘩。一分钟过去了，两分钟过去了……忽然，他抬起了头，脸上露出了不易觉察的微笑。他看着我，用他的右手食指，重重地在屏幕的一个地方戳了几下，然后快速走向驾驶室中间，开始指挥。见船长离开，我急忙走到雷达屏幕前一看，不禁大吃一惊："怎么会开到这里来了？！"原来，此时雷达显示的是，以"雪龙"号为圆心，周围代表冰山的上百个光点，把它密密麻麻地围了十几层，就像个八卦阵，根本看不出有任何可以出逃的机会。直到我开始按照袁船长刚才戳手指的地方，大概是一点钟的方向，经过非常仔细的查找，才"看到"了那条断断续续的、气若游丝的突围路径。"雪龙"号冲出了重围。袁又一次证明了自己。

"雪龙"号极地科学考察船，属 A2 级破冰船，于 1993 年购自乌克兰，全长 167 米，型宽 22.6 米，满载排水量 21000 吨，最大航速 18 节，续航力 20000 海里，配备了现代化的航行、定位和导航系统，具备以 1.5 节航速连续破冰 1.1 米（含 0.2 米厚的雪）的能力。它果然不负众望，在接替了"极地"号开始冰区航行后，就不断有上佳的表现。一次，在陆缘冰宽达 25 公里的情况下，"雪龙"船耗时 45 小时 15 分钟，连续破冰 23 公里，为中山站油料的补给和物资卸运创造了条件。2010 年 8 月 6 日凌晨 4 时 29 分，"雪龙"号在北极冰区，打破了中国航海史上的最高纬度纪录——北纬 85 度 25 分。

然而，"雪龙"在与极地海冰的较量中，远未形成绝对优势。当冰的强度，超过了它能力的时候，又该怎么办？第十六次南极考察中，中山站海域就遇到了 30 年罕见的严重冰情。眼见南极夏季即将过去，浮冰却迟迟不肯开化，"雪龙"遇到了七次队时与"极地"号船同样的处境。如果不能进站卸油，中山站就只能停止越冬。

等待就是煎熬。袁船长心急如焚，他和领队决定带领几名队员下船探路。南极浮冰的表面，不仅坚硬湿滑，而且还有很多大的冰裂缝。就在跨越一条两米宽的冰沟时，袁不小心滑了进去。虽然被队友及时救起，但两腿已全部湿透。此时，南极海水的温度都在零下，冰上也是寒风刺骨。他拖着冻僵的双腿，步履艰难。但他咬紧牙关，和队员们用 14 个小时，足足走了 50 公里，终于发现了海冰的破绽。"雪龙"又一次战胜了对手，因为它找到了一条突破进去的捷径。

"极地"号退役几年后，魏文良改任国家海洋局极地考察办公室党委书记兼副主任，并被授予"中国航海终身贡献奖"，享受国务院政府特殊津贴。他先后12次远赴南极，其中五次担任考察船船长，六次担任考察队领队，现已退休。袁绍宏现任中国极地研究中心书记兼副主任，高级船长。他四上北极，十下南极，曾荣获"全国先进工作者"称号，并享受国务院政府特殊津贴。他还是时下许多中国年轻人崇拜的偶像，也是集美大学最杰出的校友之一。

其实，二龙戏冰的本质，是人与冰在过招儿。有什么样的人，就有什么样的船。船长的性格，就是船只的命运。

28 /

航空时代

在南极，我第一次看到固定翼飞机，是七次队时在苏联进步一站的冰盖机场。该站紧邻中山站，就建在冰盖边缘。

当时，苏方用船只运来了大量桶装航空燃油，就堆放在冰盖机场的一边，用固定翼飞机再转运到其他考察站。飞机不大，具体型号与参数不详，但有一点是肯定的，就是该机的气动布局并不先进，因为它是双翼机。所谓双翼机，是指因飞机发动机功率较低，为了能在低速条件下产生足够的升力，所以采用了双层翼面的飞机。然而，我们却不能因为这一型飞机，而小看了苏联。事实上，美、苏是当时世界上数一数二的航空制造业大国。苏联在南极使用双翼机，也许有它的特殊考虑。那一天，目睹着该型机在茫茫冰原上的任意起落，我心里清楚，我们与南极考察的强国相比，在这一方面，还差着整整一个时代。

如果回顾南极考察的历史，就会发现，当飞机在20世纪初诞生以后，那些正在从事南极探险伟大事业的人们，就已经开始把飞机与南极联系了起来。早在1911年，澳大利亚南极探险家莫森，就曾计划将飞机用于探险了。可惜飞机装配后在试飞时，机翼就掉了下来。他虽然没有成功，但他的思路启发了后人。1928年，英国人威尔金斯驾机从欺骗岛起飞，成功地飞越了南极半岛。这是南极上空，出现的第一架飞机。最精彩的，要数美国的空中探险家伯德了。他在1929年11月29日，用了近10个小时，创造性地顺利飞到南极点并返回基地。此后，美国、智利、澳大利亚、新西兰和苏联等国的飞机，竞相飞往南极，建立了相对稳定的航线和不定期航班，从而为在南极考察输送人员和物资，找到了新的途径，也在人类社会与这片白色大陆之间，架起了一道道人间彩虹。

笔者曾两赴南极。在1990/1991年度的七次队，我乘"极地"号船前往位于东南极的中山站，航线一路南下，却走月余。而1997/1998年度的十四次队，是先飞往西南极的长城站，1997年12月10日从北京出发，18日即到。实际上如果做不间断飞行，50个小时即可。在我们曾经拜访过的俄罗斯青年站，曾留有这样的记录。1980年2月13日，一架伊尔－18型飞机从莫斯科起飞，仅用8小时24分，就安然降落在该站，创造了飞行距离长、机型大、飞行时间最短的空前纪录。飞行，极大地缩小了人类与南极的距离。在此诱惑之下，南极科考在后勤支援方面的合作，也终于掀开了新的一页。

然而，由单个国家开辟单条航线，显然不够经济。美国、新西兰和意大利三国，均在罗斯海岸建有常年考察站，于是第一个航空网络诞生了。其网络框架是，先由干线飞机飞到美国站的大型干线机场，再由支线飞机飞往其他站的小型支线机场。航空网络的规模效益与整体优势，正随着时间的推移，日益显示出强大的生命力。

20多年前，澳大利亚南极局即提出了在东南极建立航空网络的设想，并与俄、中方面进行了积极接触，形成了有关在东南极拉斯曼丘陵建立冰雪机场的备忘录。根据该文件，1996年7月中俄双方签署了两方协议，规定中方负责落实六台大型建设机场的设备从青年站到进步站（中山站附近）的运输问题。据当时率团赴俄的中国国家海洋局极地办原副主任贾根整介绍，当时俄方一航空公司总裁也参加了商讨，表示该网络的骨干航线为圣彼得堡（俄）—北京（或上海）—霍巴特（澳）—拉斯曼丘陵地区，飞机将采用可载40吨的大型飞机。

贾副主任从事南极考察领导工作多年。十几年前，我曾就此问题采访过他。他认为，该航空网络的建设，会使我国受益巨大。当时的中国，南极考察经费日渐拮据，而船舶所用占到一半。我国实行多年

正在乔治王岛上空飞行的大型固定翼飞机，其下端为"雪龙"号船。

2015年12月7日，中国首架极地固定翼飞机"雪鹰601"在中山站成功试飞。
此片拍摄者仝来喜为三十二次队队员，正准备前往格罗夫山考察。

的是三年一次"一船两站"补给制，原因是由于乔治王岛建有智利的机场，长城站的人员和一般补给均可通过飞行解决。大船所以每年出动，原因在于中山站没有飞行补给。两站补给的大宗，均为油料。中山站的油罐储油能力为500吨，年耗150吨左右。如果有了飞机，亦可实现几年补给一次。大船每次出动，日均消耗仅油料，就折合人民币约为十万元。一旦东南极有了航空网络，将使大船平均两至三年出动一次，可节省大笔费用。此外，由于乘船耗时太多，也极大妨碍了国内一流科学家前往南极工作和国际合作的开展。所以在那段时间，中国南极考察管理官员的身影，频频出现在莫斯科与霍巴特（澳南极局所在地）。

航空网络的筹建，将使我国南极考察事业迈上新的台阶。闻知此讯后，当时我所接触到的历次队的队员们，无不欢欣鼓舞，并对此网络的早日建成，寄予莫大期望。他们呼吁国内有关方面，对此投入不大的项目，给予坚定支持。遗憾的是，这一航空网络的建设，始终由于各种原因而未能如愿。然而，此后发生的一系列事情，又不断在刺激着中国人的这一部分神经。

2005年第二十一次队时，中国首次组织内陆科考队登顶"冰穹A"。考察途中，机械师盖军衔出现了严重的高原反应。于是中方紧急联系了美国极点站，请他们派飞机把盖接到了极点站。后来盖军衔又坐洲际飞机到达新西兰，得到了较为及时的救护。事后，国家海洋局极地考察办公室主任曲探宙总结道："他的成功救助，给其他队员以极大的心理安慰，证明了在紧急情况下，我们会不惜一切代价，确保营救考察队员的生命。所以，也等于是给留下来的队员吃了一个很好的定心丸，也为我们在紧急情况下的施救探明了一条道路。"

几年后相似的一幕，再度上演，而且更为惊险。

2010年1月8日上午9时许，第26次队的50多名队员，正在中山站紧张地进行改扩建工程，一辆停放在坡上的装载车突然下滑，并以较快的速度，撞到了正在作业的队员苏德强的下腹，他当时就痛得躺倒在地。由于中山站没有 B 超，无法诊断，朱医生和胡站长赶紧将老苏送往俄罗斯进步站。经查，发现他的腹腔内大量积血，需要立即手术。苏的手术整整持续了九个半小时。为了挽救队友生命，七名队员当天还献血2500毫升。

不料10日晚，老苏病情恶化，中、俄、澳三国医生会诊后，决定将他转运到霍巴特做进一步治疗，这里是澳大利亚距离南极最近的城市。11日晚7时，老苏乘坐澳大利亚戴维斯站派出的直升机，飞行一个多小时后抵达戴站。9时，他又从戴维斯机场乘坐一架小型固定翼飞机，经过 5 个小时的飞行，于次日凌晨抵达澳大利亚凯西站的威尔金斯机场。在该机场，从霍巴特赶来的两名救护人员，已等候多时。3时20分，一路陪护的朱医生，陪同老苏一起乘空客319飞机飞往霍巴特。几天后，住在霍巴特皇家医院的老苏再次进行了肠管切除手术。在这场生命攸关的国际航空接力中，让我们再一次看到了飞行救援所具有的人道主义光芒。

然而，真正促使中国下定决心，要将航空网络一事办成的，是中国南极考察事业的突飞猛进：1998 年和 1999 年，刘小汉博士两次率队成功征服格罗夫山，取得大量科学数据；2005 年 1 月 18 日，中国第二十一次南极考察队，从陆路实现了人类首次登顶"冰穹 A"；2009 年 2 月 2 日，当地时间上午 9 时 25 分，中国南极昆仑站正式开站；2014 年 2 月 8 日上午，中国南极泰山站正式建成开站。可以说，从中国近期取得的一系列巨大进展看，中国已经具备了在东南极腹地展开大规模、高质量、多方位科学考察的客观条件，然而其短板也更显清晰，这就是后勤与支援能力的不相匹配。具体说，就是尚不具备航空网络的有力配合。

目前在南极，科学考察中使用飞机已是各国的普遍做法。遇有情况时，飞机在第一时间到达，也是一个国家南极考察实力的重要象征。中国极地研究中心副主任孙波，是我国极地考察固定翼飞机项目的负责人之一。据他在"2011中国极地科学学术年会"上介绍，中国的东南极考察航空网络，将计划形成连接中山站—昆仑站、中山站—格罗夫山、中山站—戴维斯站（澳）—凯西站（澳）的空中交通枢纽。借助于已经形成的南极大陆洲际航线，和我国首架极地考察固定翼飞机，我国南极考察队员和轻物资可方便迅捷地进入南极并抵达纵深地区，将大大提升科学考察的效率和应急保障能力，并为加入国际南极航空网创造条件。

孙波是我在十四次队时的队友。由于他在发言中专门提到了澳大利亚的凯西站，加上该站将在未来的我国东南极航空网络中扮演重要角色，所以有必要在此对凯西站的著名机场，做一简单介绍。

威尔金斯机场，位于凯西站东南近70公里处，以第一位飞抵南极的澳大利亚飞行家乔治·休伯特·威尔金斯爵士之名命名。机场跑道长4000米，宽100米，全部用冰建成。为了能与周围的冰雪区别开来，该跑道全部染成了蓝色，又称蓝冰跑道。为了避免冰面融化，有效反射日光辐射，跑道表面还铺上了压缩雪。该机场的建成，使澳大利亚实现了5小时直飞南极的梦想。除了极夜和恶劣天气，每周都有往返于凯西站和澳国国内的航班，空客319等大型客机都能在此顺利起降。截至2009年，南极已建有29个机场，分属俄罗斯、美国、澳大利亚、新西兰、日本等13个国家。

目前，进出南极主要有四条洲际航空通道：第一条，从智利、阿根廷到西南极的乔治王岛；第二条，从新西兰到美国的麦克默多站；第三条，从南非到南极的毛德皇后地；第四条，从澳大利亚的霍巴特到凯西站。中国与澳大利亚建有多条空中航线，完全可与这第四条航空通道相连。事实上，前面提到的中国南极考察队员苏德强被澳方空中救助的过程，就可以被视作中国实际使用第四条洲际航空通道的一次预演。

据悉，经过深入研究和论证，中国首架极地考察固定翼飞机锁定的是美国的"Basler BT－67"，这是一种成熟可靠的已在南极使用多年的多用途固定翼飞机，同时具备人员快速输送、应急救援和科学调查三种功能，并能在气温 -40 摄氏度以下的地面环境中使用，能够满足昆仑站地区的恶劣气候条件要求。其机载科研设备涵盖了气象、遥感、大气、冰川、地质和地球物理等多个学科领域，造价约 9000 多万人民币，2015 年岁末已在中山站完成首飞。该型飞机的基本性能参数如下。驾驶员：两名；乘客：18 名；长度：20 米；翼展：29 米；高度：5.20 米；空重（轮子）：8.4 吨；最大起飞重量：13 吨；发动机：两台普拉特·惠特尼 PT6A-67R 型；单台功率：1281 马力；巡航速度：380 公里/小时；航程（空载）：3400 公里；实用升限：7600 米。

2009 年，在中国第二十五次南极考察期间，我国曾在新建立的中国南极昆仑站以西约 3 公里处，修建起长 4 公里、宽 50 米的简易跑道，用于固定翼飞机起降使用。2010 年 1 月，我国第 26 次南极考察队又在南极内陆冰盖上再修建起一座简易跑道——"飞鹰机场"。该跑道长 600 米、宽 50 米，同时存放数百桶航空煤油，用于固定翼飞机紧急备降或加油补给。此外，中国第三十一次南极考察队 2015 年又在中山站附近，加紧进行了飞行跑道的前期调查。这三处跑道的建设与前期准备，首架极地考察固定翼飞机的购置，以及整个航空网络的进一步成形，已经被媒体乐观地评论为："中国的南极考察，可望进入'航空时代'。"

另据报道，中国曾计划于 2015 年在南极开建一座新的常年科考站，该站可独立开展陆地、海洋、大气、冰川等多学科综合科学考察，其规模与中山站相当。这个常年站初步选址在罗斯海的西岸区域。而在极地科学家们看来，新站就应该选择在这片区域。因为该区域很大的优势之一，就是具备建设冰上机场的条件。

看来，所谓进入南极考察的航空时代，与其说是一种状态，不如说是一种意识，是一种思维。

29 /

周游列国

　　人爱扎堆。人类在南极建站，也爱扎堆。不同在于，人的扎堆，是源于羊群效应的心理活动。而南极建站的扎堆，则完全是因为种种利弊反复权衡的结果。在南极，与中国有关的扎堆，共有两处。在西南极，是乔治王岛；在东南极，则是普里兹湾。在这两个地方，夸张点儿说，你不用远足，便可周游列国。

　　乔治王岛是个小世界，但已号称"南极的地球村"。它是南设得兰群岛中最大的岛屿，在1160平方公里的面积中，90%被冰雪覆盖。共有九个国家在所剩不多的露岩地面上，建立了常年考察站和度夏站。依时间的先后，它们分别是智利、俄罗斯、波兰、阿根廷、巴西、中国、乌拉圭、韩国和秘鲁（度夏）。这些国家的考察站，集中反映了所属国不同的文化、国力和国策。

　　十四次队时，我们两位记者与两位专家一道，先行到达了长城站。在站方的悉心安排下，加上两位日本专家，我们一行六人乘"坦克"（一种南极专用履带车），准备用一个下午的时间，拜访几个外国站。于是，我们先来到了北面两公里外的俄罗斯别林斯高晋站。该站的建筑，大多涂得天蓝色，已明显地老旧了。站长室的布置，绝谈不上现代，但明显地重视传统。在站长办公桌的左上方，挂着时任总统叶利钦的彩照，再往上则是三位为俄罗斯历史作出卓越贡献的人物画像。其中的一位，便是别林斯高晋。

站长弗拉基米尔，时年44岁，身材颀长，在与我们每个人热情地握手后，还致了欢迎辞。我随七次队在中山站度夏时，曾数次到过邻居俄罗斯进步站，后听说关闭了，因此想在这里了解确切的原因。弗拉基米尔的眼神黯淡了："的确是关闭了。至于说什么时候重新开放，那恐怕要等到我们有足够财力支持它的时候！"他还告诉我，出于同样的原因，还有一个站也准备关闭。我后来才知道，这个站，就是大名鼎鼎的青年站。

　　在南极考察格局中，苏联是唯一能与美国比肩的"超级大国"。其鼎盛时期，在大陆沿海和腹地，共建有八个常年考察站。很多重要的南考数据，均诞生在苏联专家之手。比如现今记录到的南极最低温度-88.3摄氏度，就是在1960年由东方站测定的。仅仅数年之间，在万里之遥的南极，我们就能真切地感觉到一个大国的衰落。在西南极和东南极，俄国站都是中国站的密切合作伙伴。走出别林斯高晋站的时候，我在心底祝愿我们伟大的邻国，能尽早走出谷底。

　　实际上没有走出俄站，就已经到了智利的马尔什站。两站近得已咬合在一起，是整个南极距离最近的考察站。在极地，大家都很客气。但是据说在私下，两家仍在为到底是谁先占的地盘争论不休。它们同处在一个大的坡地上，两侧有伸出的陆地，一面临水。早在几天前，在从机场到长城站的路上，我就第一次见到了智利站。当时我就惊叹，这简直如上帝摆弄的一堆"积木"。冰天雪地中，红、蓝、黄、绿的雅致建筑，依坡而下，错落有致。但它们都是红顶，为的是便于航空识别。智利站的建筑使人顿悟：南极，其实最需要色彩。

　　准确地说，智利的站，有如从国内搬来的一个生活小区。这里有标准的商店和邮局，它们都按时营业，也不像别国的站，他们实行的是供给制。智利站工作的，大多是军人，妇女、儿童也常来常往。所有这一切，都与智利较早提出并坚持的"智利南极国土"的国策有关。

同为拉美人，乌拉圭的阿蒂加斯站和智利站一样的热情洋溢。站长向中国朋友详尽介绍了乌站的情况，最后把我们带到了他最为得意的电脑间。该站的电脑，通过卫星通信加入了国际互联网络，又加装了一套可视系统，是真的不出屋，可知天下事了。主人随即打开电脑菜单，大家异口同声："China。"

此时是当地时间17时（北京时间晨5时），国内的用户不多。终于找到了一个带画面的网址，结果是有关性的内容，只好"pass"。我提议"台湾"。结果对方死活无人应答。有两位日本专家在，于是大家又提议"日本"。日本的网址很多。主人随便打开一个，日本年轻专家星野眼疾手快，连呼"No、No、No"，原来又是"性"。又找了一个，星野又"No"，原来是脱衣舞表演。主人提议说："我们还是找拉美的吧，那里正是白天。"于是，找到了一个阿根廷的网址，画面上出现了一对年轻夫妇，用国内的话说，是一对俊男靓女。站长解释了一番后，对方说："还是让我们欣赏一下南极的风光吧！"主人便手持摄像头，对准冰雪和海面，移动了一分多钟。可视头中的靓女说道："真漂亮！"于是摄像头被主人在窗户上放了三分钟。最后主人说，这里有中国和日本朋友，你们能用英语与他们交谈吗？对方表示很遗憾，因为他们只能说母语西班牙语。

在乌拉圭站，还有一件让我们感到兴奋的事情，就是遇到了一位难得一见的女性越冬队员。她不仅热情好客，而且落落大方，真诚地与客人一一合影。后来，我通过对站长的采访，才闹懂了该站女性队员感觉特好的原因。那是因为，她们有一位深谙女性队员价值的站长。

与乔治王岛相比，普里兹湾可就大多了。在海湾东岸的冰盖边缘，有两个丘陵地带，是人类在这一带进行建站、考察活动的桥头堡。南边的这个，便是中山站所在的拉斯曼丘陵，约有40平方公里。向北100多公里，是威斯特福德丘陵，面积不详。在这两个丘陵上，现

在俄罗斯的别林斯高晋站，44 岁的站长弗拉基米尔迎接了我们。

在乌拉圭的阿蒂加斯站，站长曼基尼正在向客人介绍该站的互联网系统。

在建有四个常年考察站。我也同样按照建站的早晚，排出它们所属国的顺序：澳大利亚、俄罗斯、中国、印度。

威斯特福德丘陵，也是由三个大的半岛组成。戴维斯站则位于中间的宽半岛的最西端。由于这里的地形，使偏东方向的下降风有利于浮冰向外海移动，因此通航条件较好。戴维斯站位于南纬68度35分，东经77度58分，是澳大利亚四个常年站中最南的一个。

该站建于1957年。七次队时我第一次登上该站，一项浩大的扩建工程正告一段落。十四次队时我二度拜访，才发现该站其实由两部分组成。临岸的是老区，多为单个集装箱大小的建筑。里边的是新区，则由一些包括两层结构在内的大型建筑组成，包括办公栋、宿舍栋、娱乐栋、电影厅、餐厅、医院、综合实验室、库房和车间等。几十栋各型建筑，分布在背山面海的山坡上。远远望去，高矮错落，甚为生动。外漆颜色更是丰富多彩，计有红、黑、白、绿、黄、蓝等，托出了一个精巧而繁华的"集镇"。走进建筑里面，发现这里的内装修甚是豪华、舒适。现代社会的文明感，与户外的近于洪荒的自然景观，形成强烈反差。该站在澳大利亚所有南极考察站中，规模最大，仅次于美国的伯德站和麦克莫多站，以及俄罗斯的青年站，被誉为"南极第四站"。

值得一提的是，戴维斯站在中山站附近设有一处应急用的劳基地，由一个集装箱建筑和四个苹果房组成。各国考察队员在附近考察，如遇恶劣天气，都可以来此避难。该基地距中山站的直线距离，仅有三公里，平日以度夏和休闲为主。

1986/1987年度，苏联在拉斯曼丘陵建成了这里的第一个常年科学考察基地——进步一号站，并开展了观测研究。该站的最大长处，是靠近冰盖；最大的短板，是远离海岸线，有八九公里，造成物资补给的陆运困难。于是，苏联于1989年在现在位置，建设了进步二号站，进步一号站已形同虚设。当然，还有另外一种说法。1989年，当中山站开始选址时，苏方早于中方3个月，把站址匆忙迁了过来，进而占据了有利位置。

然而，这些已经不重要。重要的是中、俄两站，现在是唇齿相依，比邻而居。20多年来，两站相互支援，建立了深厚的友谊。七次队的时候，我们不仅参加了对方站医普托夫的葬礼，而且多次到进步二站，与俄方队员对饮、长谈。十四次队时，俄罗斯因经济困难，关闭了进步二站。我曾在一个下午，走进衰微破败的站区，本想找回一些7年前的温情，但我只能落得失望而归。

2008年10月，俄罗斯国际文传电讯社的一则报道，引起了我的高度关注。据报道，俄罗斯南极科考进步二站的一处两层居住房10月5日突然起火，当时有25人睡在这栋房子里。"大家尝试着扑灭大火，但是没有成功，最后有一人牺牲，另两人被烧伤。"一位负责人表示，伤者已被送医，烧伤级别均被评定为中度。"后来，中国中山站的同行得知消息后，向我们提供了必要的食品、衣物和最重要的通信设备，因为我们的通信设备在火灾中被严重损毁。"

此后，我一直关注着进步二站的相关情况。前不久，我在百度搜索"进步二站"词条时，意外地看到了新华社记者拍摄的进步二站新建筑的照片。从外观看，这两座色彩鲜艳的两层大型建筑，建在了原有的旧址之上，应当是用于住宿与办公。随着国内政治的稳定和经济的发展，我坚信俄罗斯的南极考察事业，会尽早步入坦途。

2012年，我在网上搜到了中新社发自南极中山站1月23日的电文，称兔年除夕之际，中国南极中山站站长韩德胜，特邀请俄罗斯进步二站、印度巴拉提考察站的考察队员，参加中山站的除夕晚会，并与中国考察队员共度中国传统佳节。中国第二十八次南极考察队临时党委书记刘刻福，对来自异国的朋友表示热烈欢迎。印度第三十一次南极考察队领队拉贾什·阿萨那表示，印度巴拉提考察站刚刚建立，他们年轻的科研团队在南极的考察活动刚刚起步，今后还需要中国中山站的有力支持。这则消息，使我第一次获知了印度巴拉提考察站的存在。曾多次到访中山站的俄罗斯进步二站站长维克特则表示，此前与中国南极考察队员有过多次的往来与交流，非常高兴能参加中国的节日庆祝活动。

有趣的是，中国中山站与俄罗斯进步二站和印度巴拉提站，都位于东南极的拉斯曼丘陵上。中山站距俄罗斯进步二站的直线距离，仅为900米，距离印度巴拉提站的直线距离，也不过7.7公里。巴拉提站建成于2012年，这是印度在南极的第三个科考站。有消息说，该站建站的投资约为7000万美元，建筑规模约为2500平方米。

在南极，你来我往，本就少假。而扎堆取暖，则更多存真。

30 / 南极旅游

"普通人去南极，不再是梦想。南极虽然冰冷，但是这里的旅游业却一片火热。每年都有来自世界各地的游客奔赴冰雪世界，寻找最不同寻常的旅行体验。"这是我在百度，点开"南极旅游"词条后，在一家旅游公司的网页上摘录下来的文字。该段文字从一个侧面，反映了当下的南极旅游，正如火如荼开展的真实景观。

每年11月至翌年3月，属南极夏季，是在南极开展旅游活动最适宜的时段。据国际南极旅游业者协会的最新统计：2013年11月至2014年3月，世界各国到南极旅游的总人数为37405人，其中美国12418人，澳大利亚4115人，中国3367人，分别占到总人数的33%、11%和9%。2012/2013年度，世界各国赴南极旅游人数的"前五"排序，曾经是美国、德国、澳大利亚、英国、中国，如今中国已经超过了德国和英国，位列第三。而十年前的2003/2004年度，只有37名中国游客踏足南极。

尤其值得关注的是，近几年我国南极游客的结构组成，也开始出现了明显变化。以2014年的春节团组为例，游客中老板与普通职员的比例分别为9%和77%，这表明中国南极旅游已经逐渐趋向大众化。此外在年龄结构上，40岁以下年龄段的比例达到60%，而退休人员只占9.5%，年龄结构也已接近欧美。随着中国前往南极旅游人数的增多，南极游的"中国味儿"也越来越浓，游轮上开始出现中文导游和中餐，甚至设置了麻将桌。

至于南极游在近年表现得如此火爆的原因，业内人士表示，中国南极旅游潮的出现并不是偶然的。截至目前，国内南极游市场已经培育了五六年，无论是从行程安排、领队经验还是相关的服务细节，都已开始走向成熟。但一些来自中国的游客，其表现似乎总也成熟不起来。国内的一名摄影记者，就曾在南极拍到一群中国游客的一些"令人遗憾的举动"。这名记者指出，亲眼看见同胞的"不文明现象屡有发生""不少中国游客似乎是玩得太过投入，以致追着企鹅拍照，冲入动物群体中留影"，更有人"罔顾规定，不在乎吓到企鹅，在极近距离举相机拍摄"。对此就有网民怒批："丢人丢到南极了，下一站要在火星上丢人了！"

随着游客流量的不断增加，中国在西南极设立的考察站长城站亦受到干扰。据统计，过去的一个旺季，就有高达 1600 多同胞参观了长城站。由于游客都是不请自来，令长城站队员很为难。国家海洋局极地办主任曲探宙就曾表示："越来越多中国游客的涌入，完全打乱了长城站正常的考察活动。"中国南北极科普考察协会会长王相益也对媒体强调指出，游客到考察站参观前，应先得到考察站的批准。

据一项权威统计，去过南极的总人数已累计约有34万人次。其中科学考察人员约有16万人次，南极旅游约有18万人次。该统计没有注明进行统计的年份，但旅游的人数超过科考的人数，不能不说是一个值得警惕的变化。

正是针对中国公民在南极的活动近年来已日趋多样化，特别是社会团体组织的考察、旅游、探险等活动，呈现迅速上升趋势，国家海洋局发布了《南极考察活动行政许可管理规定》。今后，中国公民、法人或其他组织想去南极开展某些类别的考察活动，必须提前向国家有关部门递交申请书。只有在申请得到受理并经行政许可审批后，方可起程。

根据这一规定的要求，我国公民、法人或其他组织开展六类可能破坏南极环境和生态系统的考察活动，应当向国家海洋行政主管部门提出申请。这些活动包括：一、进入南极时携带非南极本土的动物、植物和微生物等有机生物，食物除外；二、猎捕哺乳动物、鸟类及无脊椎动物，采摘和采集植物以及其他可能干扰动植物的活动；三、采集南极陨石；四、进入南极特别保护区的活动；五、在南极建立人工建造物的活动；六、其他可能损伤南极环境和生态系统的活动。

其实，早在20世纪60年代，国外就开展了南极旅游。1966年，阿根廷的兰布拉德公司组织了40名游客，并租用了阿根廷军舰"拉纳塔亚"号。游客们参观了建在南极半岛的阿根廷尤巴尼考察站，并顺访了一些企鹅和海豹的景点。南极旅游线路的打通，当时在国际上引起了较大反响。由于获利颇丰，一时间，阿根廷、澳大利亚、智利、德国、美国、西班牙、苏联、意大利、新西兰和加拿大等多个国家的旅游公司，都纷纷租船开展起南极旅游活动。

目前，南极旅游线路基本可分为两大类。

一类是"南极半岛线路"，而这又分成两种。第一种，游客先乘飞机到达南美洲，然后在阿根廷的乌斯怀亚港上船，进行乘船游览，这是90%的游客选择去往南极的方式。其中经典的南极游是11天游船行，即第一天在乌斯怀亚港口登船，然后用两天时间穿越风浪很大的德雷克海峡，到达南极海域，用五天时间沿南设得兰群岛巡游并返航，然后再用两天穿海峡回到乌斯怀亚，最后一天离船。第二种是南极五日游，是从智利南部城市彭塔阿雷纳斯乘空军班机，穿越德雷克海峡，飞机停在南设得兰群岛中的乔治王岛上，从这里登船，在南极海域航行五天，之后再从乔治王岛飞回南美洲。以上两种行程都不进入南极圈。

另一类是"南极大陆线路"，主要是从澳大利亚、新西兰或南非乘船、乘飞机赴东南极大陆旅游，包括南极点深度游、飞机直接登陆

考察队员敲锣打鼓，欢迎的是新队友。南极，会用这样的方式迎接蜂拥而至的旅游者吗？

南极大陆等形式。笔者在网上搜索，即发现了一个从国内经迪拜到南非再直飞南极点的旅游项目。

在美国国家科学基金会等机构的支持下，"国际南极旅游业者行业协会"于1991年成立，并获得了经营许可证，其目的旨在保护南极敏感的生态环境不受旅游的破坏。目前其已成为带有一定管理性质的国际行业协会，拥有69名会员，分别是来自阿根廷、英国、澳大利亚、法国、德国、加拿大、新西兰、智利、意大利、挪威和美国的旅游公司。该协会每年都对南极旅游作出规定，对相应的环境评估、人员培训、突发事件应对具有经验，并对开展南极旅游的方式、人数，以及使用的交通工具如船只、飞机等进行统计。

随着阿根廷、智利等成为我国的旅游目的地国，国内有关的旅游公司和民间团体，也动了南极的念头，开始以"科普团""摄影团"等形式，经南美延伸至南极旅游，其声势也日益壮大。针对此类情况，国家海洋局极地考察办公室主任曲探宙，曾在2012年10月22日对记者说："到南极旅游，会给当地环境和科学考察造成不可预估的影响和损害，无形中也会陷入某些国家对南极领土主张的政治目的中，因此目前到南极旅游不具备条件，也不应主张。"

目前，澳大利亚、新西兰、美国、英国、智利、乌拉圭、瑞典、挪威、日本等国，都制定了本国的南极环境保护法，以规范包括旅游在内的本国公民在南极的活动。

其实，国际关于在南极开展大规模旅游活动的争议，早已有之，并从未停止。七次队时，笔者就了解到，于1977年在伦敦召开的第九次南极条约协商国会议，就认为必须对南极旅游业有所控制。当然，由于相关国家的利益不同，会议最终未能就提出的控制措施达成协议。但此后的南极条约协商国会议，还是陆续制定了一系列保护南极环境和生物的协约与措施。国际绿色和平组织，曾根据掌握的具体资料，提出了"救救南极洲"的著名口号，并发出了"严格控制赴南极洲的旅游人数"的呼吁。

正是因为国际社会的共同努力，南极旅游者的环保意识与日俱增。就在互联网上，我曾随机摘录了一些前往南极的国内旅游者留给后续者的"嘱咐"，看后令人振奋：

"每增加一个游客，人类对南极自然环境的影响就增加一分。所以为了保护这片净土，所有游客必须遵守一些要求。南极的野生动物不怕人，企鹅甚至会走到触手可及的地方。但是在南极，必须严格遵守不追逐、不接触、不投喂野生动物的规则。"

"上岸前，要清理鞋底，避免把不属于南极的垃圾赃物带上纯净土地。回游轮前，也要清理鞋底，道理相同。南极旅行，请有强大的环保责任意识。爱护南极，人人有责。虽说来南极不容易，但是打扰或是影响别人就不好了，石头啦小草啦甚至是企鹅啦，你统统别想带走。南极的石头不多，企鹅需要捡石头来筑造自己的小窝。你如果把这些都当作纪念品拿走了，企鹅就没家了。"

"不要留下任何东西，除了您的脚印；不要带走任何东西，除了您的记忆。"

然而问题在于，是否少数人具有了南极环保意识，抑或所有人都具有了南极环保意识，南极旅游中的环保问题就都解决了呢？恐怕不是这么简单。十四次队的时候，我所收集到的资料显示，在20世纪八九十年代，竟连续在企鹅、海豹、磷虾等海洋生物体内，检测出了多种污染剂。有农药，如"六六六"和"滴滴涕"等；有重金属，如汞、铅、铜、锌和镉等；有烃类化合物，如氯烃和烷烃等。南大洋的海水、沉积物和颗粒状有机物中，也发现有这些污染物的存在。那么，这些污染剂都是从何而来的呢？据分析和推断，一是海风和海流的作用，二是随着食物链的转移，三就是人类活动的直接结果。

更令人揪心的是，就在1989年2月26日，秘鲁的1980吨海洋科学考察船"洪堡"号，在西南极南设得兰群岛的乔治王岛附近水域搁浅，泄漏出的柴油面积长1000多米，宽50多米。就在乔治王岛上，拥有着九座由多国设立的科学考察站。此前的一个月，阿根廷的客货轮"天堂湾"号在南极半岛海域失事，将1000多吨柴油和汽油泄入海中，造成大面积污染。该船当时所载的，就是去美国帕尔默科考站的游客。而在2007年11月23日，著名邮轮"探索者"号在南设得兰群岛海域与冰山相撞，导致船体破裂进水，严重倾斜，最终完全沉没。由于救援及时，船上100名乘客和54名船员虽已全部获救，但船舱内的燃油泄漏，形成了八公里长、五公里宽的污染带，对附近海域环境造成严重污染。据悉，这些乘客分别来自英国、荷兰、加拿大和澳大利亚等国，大多是参加南极游的游客，为此每个人都支付了上万美元的费用。因此有识之士纷纷指出，降低或避免南极直接污染的办法，或许就是减少人类的活动。

我注意到国际南极旅游业者行业协会的一项评估，认为"近30多年"的南极旅游活动，"几乎没有造成明显的并能监测到的环境影响"。第一，我质疑它评估的权威性；第二，我认为在评估南极旅游时，还应当有一个更大时间尺度所形成的坐标，也就是说，我们不仅要评估30年的，更要看到300年，甚至更多年份后可能的结果。我坚信，如果任由旅游规模的扩大，事故概率的增加，各种对南极环境所形成的破坏，其累积效应，一定会是巨大的，甚至是灾难性的。

因此，在开展南极旅游的问题上，包括中国在内的整个国际社会，都应当放慢脚步。

31 /

没有英雄

一天早饭，贾根整领队忽然叫住我："一起去看老高！"我的心一沉。同行的还有大王。这是我对极地办王新民的称呼。他为人热情而周到。我们来到了位于中山站站区北边的双峰山。山的西北端临海，是一处十米高的岩体。从岩顶下走几步，有一个不算规整的平台，最适宜北望神州。极地办（原南极办）前副主任高钦泉的一半骨灰，就葬在此。

这是十四次队的时候。我们在墓前站定。贾领队大声说道："老高，我们来看你啦！"说完，他拿出一个酒盅，将孔府家酒分三次斟满，洒在墓前。

老高是山东乳山人，出身农家，幼时刻苦读书，酷爱学业，多次被评为优秀班级干部。1964年7月，他毕业于山东海洋学院物理系，分配至海军一九五部队（后归属国家海洋局），1981年9月调任国家南极考察委员会办公室，任副主任，分管科考和外事。20多年前，他英年早逝的消息，曾惊动了每一个熟悉他的南极考察队员。大家知他，更敬他。在向南极的进军中，中国人是迟到者。但短短数年间，便确立了在南极考察格局中的一席坚实地位。发轫之初，千头万绪。作为当时南极办的主要负责人之一，他和同事们东奔西走，殚精竭虑，或运筹帷幄，或身先士卒，遂有今日之大好局面。

然而大家感受最深的，还是他的为人。初识的一些队员怕他，因为他训人厉害。但训过之后，你如果有难处，他总在暗中设法帮你，而且不事声张。他最容不得的，是有任何人在他面前低三下四，溜须拍马。"你如果这样做了，那他会嘀咕你一辈子。"大王说。"为人正直，待人诚恳，对谁都有话直说。"老贾这样评价他。

老高的另一特点，是公私分明。他抽烟很凶，一天两包，生病了也抽，而且只抽国烟。但作为单位领导，无论怎样迎来送往，在他这里，公私从来都是两笔账。"否则，我在心底就不尊重他了！"大王说。不过，他也有公私分不清的时候，那是来了日本客人。当时南极办没有日文翻译，而外请翻译就要花钱。都知道南极事业经费紧张，于是，老高就把老伴儿请来免费帮忙。她当时是北京大学的日本研究中心主任。

老高参加了首次队的组织筹备工作，并于1985年1月10日，同研究人员张坤诚一起到达南极点，把五星红旗首次升上了南纬零度的上空，并把一个朝向北京的指向标，插在了南极点上。此后他担任二次队越冬队长，率领队员完成了长城站建立后的大量遗留工作，并参加了五次队中山站的建设，随后再度率队越冬。老队员告诉我，参加中山站建站的每一个人，都快累死了。大王说，就是在第二次越冬之后，老高的身体每况愈下。由于他长期在极其艰苦的条件下工作，积劳成疾，于1992年10月3日病逝于北京，终年54岁。

南极办一成立，老高就担任副主任。他1979年患了肝炎，但从不把自己当作病人。只有一种情况除外。每当与生人一起吃饭的时候，他总要声明自己是肝炎患者，然后分开自理。笔者七次队回国后，曾在北京佑安医院的走廊里，意外与他相遇。当时人很多。我热情地伸出了右手，可他却一边把自己的右手藏到后背，一边微笑着高声说道："乙型肝炎，不宜握手！"不想，这一面竟是我们的永诀。他曾在办公室说过："我死了就埋在南极。"当时谁也没有当真。1991年暮春，在一次南极学术会议上，他腹水严重。同事劝他赶紧去医院。老高说，看来不去不行了，下午就去。他去的，就是佑安医院。不料，这一去

十四次队领队贾根整（前）与队员王新民，在位于中山站的墓地祭奠老高。

部分考察队员前往墓地祭扫高钦泉。

就再也没能出来。

老高弥留之际，对大王反复交代的一件心事，是有关北京丁香小学的。当时为了一位同事孩子转学的事，他联系过这所学校。校方提出：能否把校旗带到南极？老高说过，无论对教育还是南极事业，这都是件要认真办到的事情。

老高病逝后，他的夫人代表老高和家属，提出了将骨灰葬往南极的请求。于是，老高作为九次队的"编外成员"，跟着大王，再次出征。骨灰盒是木质的。按照老贾的提议，在青岛港码头还举行了一个骨灰的交接仪式。相关人员都着了正装。交接后，按照大王的意思，骨灰就放在了他自己的房内。大王告诉我，就在船上他陪着老高的那些夜晚，他的心里没有任何阴影，"一点杂念都没有"。他把骨灰放在房间的写字台上，再把丁香小学的同学们做的手工作业，包括国旗，还有卡通物企鹅等，放在了骨灰盒上。

由于九次队正赶上是"一船两站"，"极地"号船经过长城站后，又沿着洁白的南极大陆，顺时针绕行到中山站。"老高能这样最后再看上一眼他所热爱的大陆，真是天意！"大王回忆着说。船到普里兹湾口，正是上午10点钟。有情有义的魏文良船长，特意穿上深蓝色船长制服，戴上白手套，和大王一起，将他的一半骨灰，撒入了碧波万顷的大洋。大王注意到，当时天晴，无风，一群海鸟，正在自由飞翔。

就在我们祭拜老高后的没几天，十四次队的全体人员，又一次为他扫墓。我听说，这是领导的要求，更是大家的希望。花圈不大，两条挽带上写着："高钦泉同志永垂不朽！中国第十三、十四次南极考察队全体队员敬挽。"由于地方太小，男女老少几十口子，只能三鞠躬后，依次从墓前走过，并奉上祭品，有水果、点心、酒，还有香烟。据说，自从老高"来"了之后，每一次队，都会在双峰山上再现同样的一幕，已成惯例。据我在网上的查证，最近的一次祭奠，发生在三十一次队，时间是 2014 年（作者写作的时间）。在他们的祭奠仪式上，还特意上了香。老高的墓地朝北，占地不足一平方米，水泥制的墓碑高不过两尺半。墓地的左后不远，就是宏伟的中山站区。当年老高的夫人闻知后曾说："这样好。以后每年清明，我都让女儿向南磕头。"

200 年来，人类在南极已历帆船探险、越冬创新、航空考察三个阶段。其间英雄辈出。各国为了酬谢先驱，激励来者，大量以他们的名字为站命名，像俄罗斯的别林斯高晋、法国的迪尔维尔、澳大利亚的莫森，等等。中国人来南极的时候，南极考察已进入固定基地考察阶段。这是一个个人能力有限，必须集体作战的阶段，是一个没有英雄，但却要求必须像英雄一样献身的阶段。时代不同，国情迥异。老高所能得到的最大安慰，是能最终魂归南极。但无论对他，还是对我国南极考察事业的所有开拓者们而言，不倒的"长城"，耸立的"中山"，将是他们永久的丰碑！

32 /

主权之争

　　20 世纪 90 年代，我两次随队赴南极采访回国之后，都曾接到过一些读者的来信，问南极那么大，资源那么多，又建了那么多站，为什么还会是无主之地呢？这一问题，涉及南极的过去，更关乎她的未来。在此，我给朋友们做一简单介绍。

　　从19世纪20年代到20世纪40年代，各国探险家陆续发现了南极大陆的不同地区，并设下了显示其主权要求的国旗和各种金属物，继而在1908年至1946年，先后有七个国家对南极洲提出了主权要求，它们分别是英国、新西兰、澳大利亚、法国、挪威、智利和阿根廷。这些主权要求的范围，都是基本以经线和纬线为其边界，以南极点为其终点，呈现出由多个大小不等的扇面组成的格局 。下面，我依次道来。

　　1908 年时的英国，还没有经过"一战"和"二战"的消耗，它的一举一动，都还带着大英帝国的巨大自信。这一年的 7 月 21 日，其对南极洲的领土要求，是以正式纳入"皇家专利证"的形式提出来的，并于 9 年后把其列为英属地，这包括了英国、新西兰和澳大利亚三国现在所主张的所有南极领土，合在一起占了整个南极大陆总面积的 61%。而现在纯粹属于英国在南极的领土要求的，则包括了位于西经 20° ～ 50° 之间、南纬 50° 以南的所有岛屿和陆地，以及位于西经 50° ～ 80° 之间、南纬 58° 以南的所有岛屿和陆地。

　　英国探险家罗斯在 1841 年的南极探险中，发现并命名了罗斯海。

1923 年，英国在争夺捕鲸权的过程中，正式宣布它对"罗斯属地"拥有主权，后来它把该属地的"行政管理权"移交给了新西兰总督。如此一来，新西兰在南极的领土要求，就包括了从东经 160° 至西经 150° 之间、南纬 60° 以南的所有岛屿和陆地。1933 年 2 月，英国枢密院发布了一道命令，将其南极大陆的两部分"领土"转让给澳大利亚。同年 6 月，澳大利亚议会通过了南极领土接受法，确认了该项权力。于是，澳大利亚在南极的领土要求，就包括了南纬 60° 以南，从东经 45° ～ 136° 之间，和从东经 142° ～ 160° 之间总计约 650 万平方公里的两大部分。

第一次世界大战之后，作为战胜国的法国踌躇满志，决定对其所有由法国人发现的南极领土，提出主权要求。在经过了长时间的运作之后，最终主要以迪蒙·迪尔维尔的发现为根据，法国将其的领土主张定在南纬 60° 以南、东经 136° ～ 142° 之间的所有陆地和岛屿。作为一个北极国家，挪威却在南极的发现方面颇有建树。就在 20 世纪 30 年代末，挪威最终提出了在南极的陆地主权要求，即从西经 20° 到东经 45° 之间。有意思的是，挪威与智利一样，都没有确定其所主张领土的南、北界线。

智利的南极领土主张，出自1940年的11月6日。这一天，时任智利总统的塞尔达签署了第1747号法令，正式提出了从西经53°～90°之间的领土主权要求。阿根廷的领土主张，则是在西经25°～74°之间、南纬60°以南的扇形，其中包括了约100万平方公里的陆地和140平方公里的海洋。我们从英国、智利和阿根廷所主张的领土范围，即可看出三国的领土主张严重重叠。但不管怎样，这七个国家还是把南极大陆面积的85%，沿经线给"瓜分"了。至此，只剩下西经90°至150°之间的扇形，还无人"张口"。但据有关分析，这一地区是"最难到达，而且也是最没有吸引力的地方"。

根据上述情况，我们便可看出，中国的长城站，位于英国、智利

来自智利的妇女与儿童，正飞往该国在南极的考察站。

和阿根廷三国主张重叠的"领土"区域内；中国的中山站、昆仑站和泰山站，则位于澳大利亚主张的"领土"区域内。

有人可能会说，南极大陆不都是冰嘛，谁要就给谁算了。其实不然。经过了几十年的科学考察和实地勘测，发现在这表面的冰雪之下，竟然是一处"聚宝之盆"。根据已有的地质数据测算，在南极大陆及其周边海床，铁、煤、石油的储量均为世界第一。此外这里还蕴藏着200多种矿物资源，包括铜、铝、铅、锌、镍、钴、金、银、石墨和金刚石等，还有具重要战略价值的钛、铈、铀等稀有矿藏。在靠近印度洋沿岸的一个区域内，埋藏着世界上已知最大的条带状铁矿岩层，长180公里，宽10公里，厚达70多米，含铁量将近40%，如果开采出来，足够全世界用上200年。在南极大陆，分布着一个二叠纪煤层，储量约为5000亿吨。此外，南极地区的石油储量，约在500亿～1000亿桶，天然气储量约为3万亿～5万亿立方米。

于是，为了申明其主权，有关国家采取举办婚礼、婴儿降生、安置居民、发行邮票、出版地图等方式，暗示其主权的合法性。十四次队的时候，笔者曾从智利的南端小城彭塔阿雷纳斯飞往乔治王岛，同行的就有智利的四五位妇女和同样数量的儿童。他们显然不是到南极来搞科研的，而是以常驻居民的身份，彰显主权的。然而由于根据不足，世界上无一国家对他们的主权要求予以承认。就在他们之间，也没有全部彼此承认。何言根据不足呢？让我们仅以那些把本国人的发现作为主要法律根据的情况为例。众所周知，仅仅根据发现，即使是带有实际占领意图的发现，也不足以解决领土主权的归属。即使假设"发现"可以作为其依据，那么"发现"的范围有多大，才算有效呢？实际情况是，对极小一块地区的发现，就据其对大片土地提出了主权要求。

自从南极的完整性被这些"瓜分"行动破坏之后，这一原本宁静的大洲，便失去了往昔的祥和与超然。特别是在权力主张重叠的地区，一时间矛盾迭起，冲突不断，以致到了动枪动炮的地步。于是，许多国家开始呼吁，就南极问题应该签署一项国际条约，以缓和这一纷争。就在 1957 年的国际地球物理年期间，参加了南极科学考察的国家，无论大、小，也不分东、西，都把政治分歧和领土纷争放置一边，在科学考察、情报交流和后勤保障等各个方面，进行了广泛而富有成效的合作。一方面，这反映了国际社会促进和平利用南极的共同愿景，同时也显露出通过一项条约，能够缓解南极主权之争的一线曙光。

美国时任总统艾森豪威尔，于 1958 年 5 月，致信在国际地球物理年期间参加了南极科学考察的其他 11 国政府，邀请他们派出代表，以共同商讨南极问题。于是，从这年 6 月起，来自新西兰、澳大利亚、智利、阿根廷、日本、南非、英国、法国、挪威、比利时、苏联和美国的 12 国代表，聚集在华盛顿，先后召开了 60 多次起草会议，最后于 1959 年 12 月 1 日，共同签署了《南极条约》，并同时决定，该项条约从 1961 年 6 月 23 日起正式生效，有效期为 30 年。1991 年，在《南极条约》协商会议上，经各国批准决定将该《条约》延长 50 年，即到 2041 年 6 月 22 日有效期满。中国于 1983 年加入了该《条约》。《南极条约》是理智的结果，也是妥协的产物。其共有 14 条，前 6 条为实质条款，包括"和平目的""科学研究与信息交换""禁核""检查"等内容。其中关于主权要求问题的第 4 条款，是整个《南极条约》的核心。

第 4 条款是经过 12 个原始缔约国的反复推敲才拟定出来的，对主权要求最后只好"冻结"，才求得各方一致。人们注意到，第 4 条款的措辞使具有不同利益的国家可以有不同的理解，它在试图保护至少三种不同类型的国家的利益，包括主权要求国、潜在的主权要求国和非主权要求国。人们当然也注意到，自《南极条约》从正式生效后至今，在提出主权要求的国家中，尚未有一个表示过愿意放弃全部或部分已提出的领土要求。相反，在南极的领土主权问题上，没有任何人显示出任何松动的迹象。

　　弗雷，从 1994～2000 年担任智利总统，对华友好，曾多次访华。1997 年 10 月 31 日，他突然飞到了乔治王岛，陪同他的有内政部长和空军司令。在视察了智利马尔什考察站的银行、小学、医院、邮局后，弗雷总统又于下午，在体育馆接见了在岛上的各国考察站的站长。令众人没有想到的是，在接见中，他不顾话题的敏感，再次重申了智利对南极领土的要求。接着晚上，他又来到了考察站著名的飞机场，信步走到跑道中央，并在这里接受了记者的采访。该机场跑道长 1300 米，可以起降 C-130 大型运输机。弗雷总统说道："我现在来到这里，非常欣慰。我现在所在的这条跑道，就是将来通往智利南极领土的大门……"而这则总统视察南极考察站的新闻，智利电视台通过卫星通信，对全国进行了直播。就在这年年底，我随十四次队采访，在长城站了解到了这方面的情况。

　　与此相关的，是澳大利亚环境部长亨特曾在 2014 年 5 月 20 日宣布，澳大利亚将耗费巨资建造新破冰船，取代现有的陈旧破冰船。因为有了新破冰船，澳大利亚就能继续在南极洲进出，这对澳大利亚争取主权有帮助。他说："南极洲陆块约 42% 在澳大利亚的主权申诉范围内，如果我们放弃了，对后代来说，是极不负责任的行为。"

　　然而，上述还只是问题的一个方面。事实上，随着 2009 年 5 月 13 日《联合国海洋法公约》缔约国向联合国大陆架界限委员会提交 200 海里外大陆架划界方案的最后期限的截止，大陆架界限委员会收到的划界提案中，除了沿海国家对本国大陆架的申请外，还包括了澳大利亚、英国、智利、阿根廷、挪威、新西兰等南极领土主张国提交的南极外大陆架申请。专家认为，这些申请不仅使南极领土主权的内容扩大，同时也使南极归属这一国际敏感话题，更趋复杂化了。

　　原来，虽然《南极条约》冻结了各国的领土要求，但对附属于领土的大陆架等方面的权利却没有作出规定。于是，澳大利亚在 2004 年提交了南极外大陆架划界案，对其主张的南极领地陆块没入水中的延伸部分，即面积约69万平方公里的大陆架提出主权要求。2007年10月，英国外交部宣称，也将向联合国大陆架界限委员会申请五处领土要求，涉及约100万平方公里的海床。澳、英的举动在其他南极领土主张国之间随即引起连锁反应。阿根廷正式向联合国大陆架划界委员会提交外大陆架申请，涉及的南极外大陆架部分包括南斯科舍海以南和威德海地区。此后，挪威也提出了划界案申请，涉及的南极部分主要是毛德皇后地附近的大陆架，面积约250万平方公里。而新西兰提出的管辖罗斯属地海底的申请，面积达170万平方公里，相当于其现有国土面积的六倍以上。

对此，专家们一针见血地指出：对南极大陆架的主权要求，必然引发对陆地主权的认定与争夺。

不过，《南极条约》依然是协调国际合作最成功的条约之一。几十年来，它对主权的"冻结"，为人类与南极及时而有效的"磨合"，提供了可能。人类正是通过在南极的活动，不仅对南极，而且对地球和自身都有了更为清醒的认识。1991年10月4日，参加第11次南极条约特别协商会议的36个有关国家的代表，在"南极环境保护协定书"上庄严签字。该"协定书"规定，在南极洲禁止矿产资源活动50年，使南极成为专以用于和平和科学目的的自然保护区。这表明，人类已经开始注意到南极的特殊身份了。

当初，人类是怀着征服者的心态来到南极的。占有是征服的主要形式。但是对南极有限的了解，已使人类猛醒：南极于人类的价值，是全球量级的，无论是气候、环境，还是资源与生存空间。这一系列的价值，岂能是一国或几国的边界所能包容！在这一无法更改的事实面前，人类除了将南极主权由强权控制向着全人类共有化方向转移，已别无选择。

33 /

挺进北极

　　时隔400多年后的1999年7月1日，124名中国人，乘坐2万吨的"雪龙"号极地考察船，从上海出发，直往北极。此行，我们不仅仅是为了追寻属于自己的一个梦，似乎也在为一段特殊的历史，画上一个圆满的句号——在人类早期向北极的进军中，无论是英国人、荷兰人，还是俄国人，其真正的动力，竟是为了找到一条通往富庶中国的海上捷径。北极的发现，不过是一场利益角逐的副产品！而身处北半球的中国，却一直与北极咫尺天涯。直到"雪龙"船的汽笛一声长鸣，中国人才真正向着北方，投去了热辣辣的目光。

　　出东海，穿日本海，过鄂霍次克海，沿着西北太平洋优美的弧线，十余天后，我们驶入白令海，抵近了著名的白令海峡。该海峡地处要冲，是北冰洋连接其他地球水域的两大门户之一。另一处位于北大西洋。"冷战"时期，白令海峡是东西方在北太平洋对峙的最前哨，最窄处只有45海里。"雪龙"船以15节的速度从容行进，在波平如镜的水面，犁出碎金一片。此时正是7月13日晨的日出时分，在炽亮的太阳跃出海面的瞬间，海天一体，霞光万道，瑰丽动人。紧接着，我们又迎来了更激动人心的时刻。5时38分，船只顺利穿越北纬66度33分的北极圈。

　　所谓北极地区，就是指北极圈以北的广大地区，包括北冰洋、格陵兰岛和冰岛等岛屿，以及亚、欧、北美大陆北部的苔原带和部分泰加林带，面积2100万平方公里。其中陆地和岛屿面积共800万平方公里。

同南极一样，这里也不仅是圣洁的所在。人类关注北极，因为它在全球变化中的作用举足轻重；中国关注北极，还因为其与国计民生紧密相关。我们此来有三大使命，包括研究北极在全球变化中的作用及对我国气候的影响；北冰洋与北太平洋水团交换对北太平洋环流的变异影响；北冰洋邻近海域生态系统与生物资源对我国渔业发展的影响等。

正是为了庆祝这一重要时刻，两名队员在出发时悄悄买了个西瓜，一直藏在冰箱里，直到过北极圈才端了出来。队长陈立奇亲自操刀，沿着瓜的"赤道"将其一分为二。"北半球"被送到了驾驶台。陈队长说："此行，船员们最辛苦！"

再往北走，各海洋学科的调查，已全面展开。此时，气温已在零下，海面上时而飘雪，时而大雾。作为北半球的居民，我们等于迎来了一年中的又一个冬天。而中国首次北极科学考察的"迎冬晚会"，也在全体人员的热情参与下，隆重举行。两位男女主持人，首先朗诵了由本人撰写的开场词：

再往北走，
等待我们的将是冰雪。
不怕。
因为我们的身后，
就有花的芬芳。

再往前行，
等待我们的将是冬天。
不怕。
因为迎接我们的，

还有不落的太阳。

我们追寻的，
是阿蒙森①的足迹。
我们背负的，
是全人类的理想。

为了绿色不再枯萎，
为了生命永远坚强。
在这新世纪的门口，
在这老白令②的故乡，
今天——
我们济济一堂！

实际上，从 14 日零时发现第一块浮冰起，"雪龙"号就开始了冰区航行。随着船只的行进，不尽的饼状浮冰向船后退去，小的几平方米，大的十几平方米，浩浩荡荡。在撞上大的浮冰时，船体会产生轻度的颠簸偏斜，"隆隆"的声响，会传至船体的每一个角落。此后，我们就进入了一个蓝白相间的世界。蓝是水，白是冰。正是这蓝与白的组合变幻，不仅演绎着北极的魅力，而且吸引来了各个国家的科学家，前来研究"海—冰—气交换"这一北极独具的重大科研课题。为此，小艇一回回放出，飞机几十个起落。

越往北，不仅冰厚，十几米高的冰脊越来越多，而且冰的密度也越来越大，从五至六成，逐渐加大为十成。不知有多少次，坚硬高大

---

① 罗尔德·阿蒙森，1872 年生人，挪威极地探险家，世界上第一个到达南极点，曾经 3 次率探险队深入北极地区，乘单桅帆船率先通过了北极的"西北航道"，并发现北磁极。1928 年，在北极的一次探险救援行动中亡故。
② 维图斯·白令，航海探险家，原籍丹麦，生于1681年，卒于1741年，从1704年起在俄国海军服役，为推行彼得大帝的扩张政策，打通到北美和中国、日本等国的航路，历尽艰辛，进而也为人类认识北极作出了贡献。后人把他发现的海峡，取名为白令海峡。

施放探空气球。

的冰脊，如同一个个"车匪路霸"，挡住了"雪龙"的去路。这时，船只有倒车，然后寻找冰脊间隙侧身而过。终于，在北纬71度无路可进了，我们被迫退出冰区，返回白令海，调整调查作业顺序，遂有二进北极圈之幸。

那么，我们费尽移山心力，究竟为了什么一定要到北极？就在"雪龙"出征之际，我就此问题专访了北极考察首次队首席科学家、国家海洋局极地办时任主任陈立奇先生。

记者：行前，我发现一些读者包括身边的朋友，都更看中我们此行的政治意义，而对其科学价值所知不多。您能否在这方面系统地谈一谈。

陈立奇：那我们就必须了解北极与地球人类的关系。首先，让我们看看那里发生了什么。

大家知道，自工业革命150年来，全球平均气温升高了0.5摄氏度。但在两极，却出现了更为严重的情况。近50年来，南极半岛的气温升高2.5摄氏度，而北极，则也升高了1～2摄氏度。两极气温的升高，必将导致冰雪的融化。南极和北极存储了全球冰雪的99%。它们如果全部融化，海平面将至少上升60米。事实上，海平面只要升高几米，世界上一些著名的大城市，像伦敦、纽约，包括我们的上海等，都将沦为"水晶宫"。包括我国在内，经济发展的精华，大量集中在沿海地带。现在全世界都在讲可持续发展。21世纪，如果气温继续升高，包括我们在内，人类就必须重新考虑发展的布局。这就是我们在去了南极15次之后，又要来北极的原因之一。

记者：温度升高的主要原因是二氧化碳的排放。我知道海洋对二氧化碳有吸收的作用。但两极与其有什么重要相关吗？

陈立奇：不错，除植物外，海洋可以吸收二氧化碳的40%～50%，其中两极海域的贡献极大，以至于美国人在作一项试验，往南极海域的海水里撒铁粉。铁可以促进海中初级生产力和植物的生长，而它们是吸收二氧化碳的功臣。但两极海域到底能吸收多少，我们必须搞清楚才行。

由此带来的问题是，煤的燃烧大量产生二氧化碳和二氧化硫等，后者还导致了酸雨。我国又是用煤大国，如果一下子不让用煤，损失太大。可以说，我们来北极作的这些研究，事关基本的国策和产业政策。国内有多少人用煤，又有多少人靠煤吃饭？来北极不是乱花钱。它涉及千百万人的就业、收入甚至生存方式。

前些时候我去美国，那里的一位科学家就对我讲：你们东北的污染物已经进入北极。北极污染，也有中国的"贡献"，他是有证据的。当然，现在对北极的主要污染物不是来自中国。但我们要看到，随着大气环流，污染已无国界。反过来，我们不污染人家，别人也还会污染我们。北极和南极一样，正是研究这一问题的理想场所。所以，它们都被称作环境变化的预警器和气候变化的放大器。

记者：南极的臭氧空洞曾令世人大惊失色。不知北极上空的情形如何？

陈立奇： 如果出现臭氧空洞，一般认为，臭氧含量应当在200多普森以下。北极一些地区的臭氧含量只是接近200多普森，因此还不能说北极已出现臭氧空洞。

记者： 中国位于北半球。您能否多谈一谈北极对我国还有哪些直接影响？

陈立奇： 7月1日我们从上海出发的时候，很担心下大雨。今年的梅雨，是150年不遇。那么长江流域的降水，主要受什么影响呢？一是从赤道来的暖气流，第二就是从北极方向来的冷气流。它们之间你进我退，整个中国就风调雨顺。如果它们在长江上面顶牛了，就会出现今年梅雨的情形。当然青藏高原下来的气流，会决定降水的东西变化。所以，我们对三极的研究都很重视。

再举个例子是渔业。很多人爱吃鱼。我国是一个新兴的远洋渔业国家。其中分布在北太平洋从事作业的渔船，占海外渔船总数的八分之一，而产量却占26%以上。因此，在北冰洋及周边公海海域进行结合海洋环境的渔业资源的综合调查，可为我国在上述海洋渔业的可持续发展，提供强有力的科学依据。

············

北极之行，最难忘的，要数在冰站上度过的时光。北冰洋表面的绝大部分，终年被海冰覆盖，是地球上唯一的白色海洋。其海冰平均厚度三米，夏季覆盖面积为53%，冬季为73%。其中中央北冰洋的海冰已存在300万年，属永久性海冰。北极的冰，由于洋流与风的共同作用，每时每刻都在运动，所以冰站的学名叫浮冰漂流站。

在考察后期，我们寻得一处直径一公里的大冰盘，于是，包括气象、高空大气物理、冰川、测绘、海洋等主要学科的专家们，尽数出动，在七天六夜的时间里，运行起一个联合冰站，并进行了卓有成效的工作。作为六个接受了射击训练的人员之一，我在8月19日当夜，登站进行了防北极熊值班。有几次，走累了，我就和衣躺倒。在这冰天

撤离北极前，部分队员合影。

雪地，只要你完全沉静下来，就会有奇思妙想油然而生。这里，远离亲人，也远离尘嚣。你不仅可以听到天籁之音，甚至可以感觉冰洋的脉动。冰冷孤独之中，你却可以享有母亲怀抱中的那份安宁。

作为国家组织的首次北极科学考察，此行收获颇丰。中国的极地科学家们，先后在楚科奇海、白令海、加拿大海盆和北冰洋浮冰区、多年海冰区进行了综合考察，行程14180海里，获取了大量的科学样品和观测数据。根据初步分析，他们已经获得了一些初步成果和创新性的发现。比如，发现了北极上空蒙盖着一层厚厚的"逆温层"；首次确认了"气候北极"的范围，为全面了解北极作出了中国人自己的贡献；发现北极地区对流层偏高，从而证实作业期间北极地区已经进入夏季，这对研究我国的季节变化和气候变化都有重要意义；楚科奇海是温室气体二氧化碳的主要吸收区，等等。

返航途中，我常常独自在甲板驻足。我知道，全世界跑北极的船就那么几条。据了解，就在我们此行之时，在1400万平方公里的北冰洋，只有"雪龙"在独自游弋。我想，能享有这份孤独，难道不正是历史的一种必然吗？

34 /
我爱我家

远征极地，无论是在波涛汹涌、一望无际的大洋，还是在风大冰厚、白地千里的两极，与严酷自然环境相抗衡的，除去队员们优异的个人意志品质，考察队坚强的领导和科学的管理之外，还有一个不可忽视的重要因素——温馨的宿舍生活。这个由两名以上队员组成的相对狭小的空间，竟也在相当的程度上，决定了考察队员的生活质量及其工作效能。三次极地生活的体验，使我对宿舍这个极地之家，逐渐有了较为深刻的认识，也愿意借助这个机会，对我的三个家逐一进行一番梳理。

我的第一个家，就建在了"极地"号船上。

当时是七次队。由于上站后，我在事实上成了单人独住，所以多年来，我只认船上的这个家。那是我第一次以特派记者的身份，随队远行。当我拎着大包小包，一路风尘赶到青岛码头，登上"极地"号船，来到了安排我入住的舱室的时候，一切都充满期待。我的家，由四位队员组成。另外三位，一位是来自北京大学心理学系的副教授薛祚纮，他时年58岁，在整个考察队中年龄最大。另两位，分别是来自中国极地研究所的汤妙昌和毕传学。前者，是航海专业的工程师，后者则是地质学硕士。我们这四条汉子，就这样在匆忙之中，搭帮过起了日子。

在考察队这个大家庭中，要过好宿舍的小日子，其实也不难，关键是把握好两条基本原则。这第一条，就是要相互尊重。

极地考察，既不远万里，又危难险重，每个队员都是带着满腹的心事出征的。但船上的空间就是这么大，很多时候都是想躲没地儿躲，想藏没地儿藏。比如说，想家了，怎么办？大家通常的应对办法有两种，一是看照片，二是找人聊。看照片，一般说来都是在宿舍。找人聊，同宿舍被找的概率也是最高。这就有一个彼此尊重的问题了。在这方面，我都有切身的体会。

先说看照片。我出发的时候，女儿刚好出生一百天。因此思念爱女，就成为一种经常的状态。不过，从我第一次拿出家人的照片，到后来每次细看，都是我不主动招呼，别人不会过问。这就使得我每次看照片的时候，坦坦然然，非常放松。一次，我正在床上摊开照片摆弄，队上忽然有事被叫走了。直到我回来，所有照片，都是我走的时候什么样，回来的时候还是什么样，没人动过。后来熟了，就开始与他们聊家常。但无论怎么聊，你都会感觉到你的隐私和感情，得到了保护与尊重。当时我还悄悄了解过，这种情况在别的宿舍，也是一样。

在考察队，大家不仅五湖四海，工作也是千差万别。因此，还存在着一个在工作上相互尊重的问题。比如薛副教授，他工作的内容有关队员心理，这在当时不仅新鲜，而且多少还有些神秘。但他找了谁，问了什么，我们同宿舍的，从不过问。还有我，作为随队记者，采访过的人不仅多，问过的问题更是五花八门。但我同屋的，没有人向我打探过一次。当然，我这里所说的工作上的尊重，还有更深一层的意思。比如，我的采访喜欢一对一，这样就只能是在大家都睡下后，来到餐厅等公共场所进行。等采访完，一般都很晚了，我又睡的上铺，结果就是回到宿舍后会吵人。很多次，我都明显感觉到是把下铺的老汤弄醒了，但他从未说过一句抱怨的话。这样我在采访上，就从未有过这方面的心理压力。因此，我总结我们的相互尊重，就包括了尊重隐私、感情和工作特点这三个方面。有了这三条，在人与人的关系上，就不会出现大的问题。

第二条，就是要相互支援。

这种支援首先表现在生活上。我晕船，这曾给我带来了极大的困扰。但令我不忘的是，在我困难的时候，首先向我伸出援手的，就是同宿舍的兄弟们。晕船出现之后，人很难受，非常需要关怀。同宿舍的三位，都对我经常地嘘寒问暖，并随时准备提供各种帮助。为了战胜晕船，很重要的一个做法，就是做游戏以分散精力，比如打牌等。这就需要有一位伙伴。在这方面，"大侠"毕传学就做到了随叫随到，招之即来。晕船的一个后果，就是不爱吃饭。但不吃又不行。为了能让我吃上一口饭菜，老汤不仅经常为我带饭，还变着花样地带，尽管有时是白费力气。

我特别要强调的是，这种支援也体现了工作上。比如，老汤是位老海军，参加过西沙海战。船过南海时，我特意采访了他，在发稿时还借助老汤的口，发出了中国必须拥有航母的呼吁，并专门用到了老汤参加过西沙海战这一重要背景。整个过程，老汤心有灵犀，配合到位，令我非常满意。然而遗憾的是，见报时本报却把他"参加过西沙海战"，变成了"参加过南沙海战"。当时的情况是，我的发稿方式是念稿，再由报社录音。一旦信号不好，就很容易出错。而且船上没报纸，出了错我也不知情。老汤很可能是在与家人通话的时候，知道了出错的情况。好在这个时候，老汤又一次伸出了援手。虽然他也犹豫再三，但鉴于我工作的重要性，最终还是把报纸出错的情况告诉了我。

事实上，老汤帮了大忙。在他实话实说以后，我意识到了问题的严重，就对整个发稿流程进行了分析，并找出了问题的关键。此后，我就在稿件的所有重要地方，重复念稿。事后证明，这样就避免了很多容易出现的错误，保证了此后的发稿质量。总之，相互尊重带来的是宽松，相互支援带来的是紧密。有了这一"松"一"紧"，我们的家就成了和谐之源。

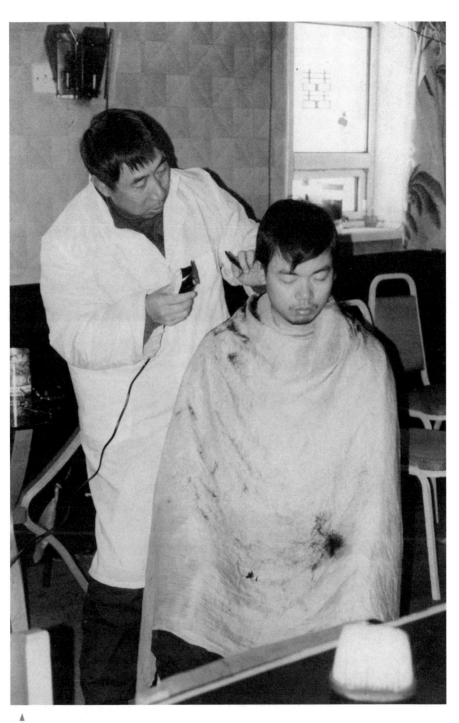

考察队员在中山站理发。

队员在考察站帮厨。

工作间隙，队员们在小聚。

我的第二个家，出现在十四次队的多半程，是"船—站—船"模式。具体说，是从长城站登船，在中山站上站，50天后再从中山站登船，最后到澳大利亚离船。一路下来，我与羊城晚报记者刘刚和上海电视台记者吴海鹰不仅吃在一起，而且睡在一屋，成了形影不离的好友。

我与刘刚是联袂往返，一路聊得很多，他对我也多有照顾。比如，他比我晕船还厉害，但他坚持睡在上铺。但给我印象最深的，是他的开放意识和工作态度。在所有随行记者中，就我俩是文字记者，弄不好就会形成不愉快竞争。当然各为其主，需要竞争，我们都会把报社和读者的利益，置于个人感情之上，这一点毫无疑问。难能可贵的是，一入队，他就主动提出，讨论一下我俩的"分工与合作"的问题。其实这也正是我的心中所想。我们各自重申了报纸定位和读者需要，发现合作远远大于竞争。于是，我们资料共享，信息互通，大大提高了彼此的工作效率，合作非常愉快。其实，我们这样做的最大受益者，还是各自的读者和南极事业。

在从俄罗斯青年站乘小艇返回"雪龙"船的时候，刘刚左手的三根手指，被船艇的金属部位严重挤伤。当伤口透过绷带还在渗血的时候，他又开始了发稿。手伤给他的生活和工作带来了极大的不便。后来我在干活时，也不慎伤了右手。但是当队里需要"壮丁"干活儿的时候，我俩还曾一左一右，凑成过一个整劳力。

海鹰是个热情而且真诚待人的人。在中山站，我们三个被安排在同一房间。他第一个进屋，却不声不响地挑了一个位置最差的铺位。他参加劳动时，更是生龙活虎，这在队上有口皆碑。最使我钦佩的，他像打仗一样地从事着他的摄像工作。为了能拍到一个好镜头，不管是刮风下雪，还是疲惫至极，他都会全力投入。事后，这个一米八的汉子，又会像泥一样地瘫倒在床上。我和刘刚有伤后，他不仅为我们带饭，还为我们洗过衣服。可以说，南极一行，我与刘刚和海鹰，都结下了终生的友谊。

我的第三个家，就建在了"雪龙"船上。那是在首次北极考察的时候。这一次，我是被安排与解放日报记者李文祺同居一室。全程70天下来，我感慨良多。准确地说，我既是被文祺兄感动着，也被此前的所有"家人"感动着。这里，不仅有真诚的李文祺，还有慈蔼的薛祚纮、豁达的汤妙昌、幽默的毕传学，更有智慧的刘刚和热情的海鹰。是他们，曾经分别和我一起，共同组成了一种状态。并终于，在"雪龙"船上的一个夜晚，我有感于这种状态，执笔写下了题目为"男人在一起，也能过日子"的文章，发表在了北极之行的《雪龙报》第6期。现转载于此，以资纪念：

"这年月，谁要说句'我是游子'，一定被认为兜里揣着毛病。想想就俗。就说来北极吧，远是够远了，但整天三菜一汤，硬说船上拉着百多号'游子'，有人就会嫌苦得还不够。但有一点，我们离家了，这却是不争的事实。只是70天，这个时间长短都有些别扭。读博士，肯定嫌短，但想凑合过，一定恨长。关键是，你要顺其自然，和同房的一起，再弄个家。

我很幸运，因为我和李文祺兄住在一起。这使得我能在上船后的24小时内，又建立起一个新的'家庭'。当然，在我又一次来到'雪龙'船的时候，其实我就认为又到了家。船于考察队，就如同进了一个四合院。在船上，尽管大家都是兄弟姐妹，但同时又都门户自立。总之，小日子还得自己过。

在一起过日子，就免不了有家务。比起在国内的那个真家来，这些家务自然简单。至少，免除了'柴米油盐'之累。有朱大厨等的'仙艺'，不减肥，您就算有福气了。但室内卫生总要自己打扫。记得开船一星期后，就陆续有人开始夸赞我们家干净。起初，我也觉得荣耀。看看比比，也觉得自己家就是利索。但再一深想，心就发慌了。自己除了在文祺兄上船前，表现了一把外，可没干什么。船上又没有小时工。结论只能是，全是老哥干的！

他就这样，一直干到了现在。我偶尔也干上一点儿，似乎仅是为了表达歉意和敬意。更难得的是，他干了，却绝无怨言，而且不事声张。我如果说点什么，他总一脸真诚地安慰我：'多干点没关系的，我在家里也是这样。'其实，这个家与那个家，毕竟不同；我与大嫂，也有云泥之判。他能一视同仁，因为他有与其宽胸阔背一样的胸怀。我们相交 10 年，很知此点。

同居一处，可能引起麻烦的，一是空间，二是作息。从我们另起炉灶的那一天起，老哥就和我商量，分配了我们各自放东西的地方。这样好。彼此同行，零碎都多。有了规矩，也就有了自律。但我们这样做，绝非为了井水不犯河水。今天看来，这也是一种管理，或曰治'家'之道。我们的家，自认为是君子之邦。能自理的，各人尽力；需要对方的，已几乎不用开口。我的手有伤。我的地方乱了，只要看我对着重物，眉头发皱，他就会三下五除二，帮我干了。

至于作息，我就更惭愧了。文祺兄每天发稿，加之半百之人，固起居有常。我不行。在家就是'夜猫子'，时差一倒，那就几乎成'夜鬼'了。我尽了力，但无效。眼看仁兄为我所累，我甚至怀疑，是否因为我的手表，换了时区后还走的北京时间所至。但后来表坏了，还是睡不着。我坚信，由此我给文祺，添了太多的麻烦。但他没有指责过，只是提过建议。而且在我休息的时候，他从来轻手轻脚，还帮我带饭。有句老话，叫以德报怨。在此我只想说，他有君子之仪。

当然，在船员兄弟们面前，抖落我们'家'的事儿，肯定是班门弄斧。你们少则几年，多则几十年，'婚配'无数，佳话定多。但有一点，我们是相通的，即男人在一起，其实也可以过日子。我们的'家'，少了阴柔，却多了阳刚；没了胭脂，却有了猜拳饮酒的痛快。而且，还去了计划生育之虞。挺好。真的挺好。"

35 /

冰上之花

本报"雪龙"船8月4日（北京时间8月5日）电（特派记者张岳庚）"在过去的24个小时里，中国首次北极考察又下一城，在位于北纬73度21分、西经164度51分的一块冰盘上，成功实施了冰边缘海—冰—气的立体联合观测。据船上专家称，如此规模的垂直剖面观测，目前在国际上也是不多的……"

此次观测，在学术的意义上，可谓层层经典。其从上到下，依次为平均25000米高度的高层大气探测：共施放探空气球四只。其可实时探测高空的温度、湿度、压力和风速、风向；平均高度一公里左右的低层大气探测：其包括三个方面，一是施放了八次"软式气象塔"，其可观测大气边界层中物质和能量的交换过程，二是用超声风速仪测量近地层的热量与动量的输送过程，三是用大气辐射仪观测大气在地表附近的辐射平衡过程；雪冰的物理和化学调查：在化学方面，将对采集到的冰芯样品，回国后进行氢同位素、氧同位素、阴阳离子、硫酸根等的分析；水下CTD（C代表海水的盐度，T代表海水的温度，D代表海水的深度）调查，共进行一次。

在各项观测中，可以直接出成果的，就是雪冰物理组。中国极地所的孙波博士称，他初步判定此为当年冰，雷达测后始终在3.4～4.2米之间。经过6小时的艰苦打钻，他们已取回一根3.7米的冰芯。

在这次多学科的联合观测中，结出的另一重要果实，是我考察队在世界上首次测出了北冰洋的绝对重力值。北京时间当日凌晨4时14分，在北纬73度26分、西经164度59分（由于洋流运动，此时冰盘已漂流出20至30公里），队员鄂栋臣、张瑞刚利用便携式重力仪，成功地测出了北冰洋的绝对重力值。该仪器当年6月在美首制成功，目前唯一的一台由来自台湾的张瑞刚教授此行带来。鄂、张二人在重力值研究方面合作多年，一朝结果，两人无限欣慰。绝对重力值的研究意义重大，据其可计算地球形状、海平面的变化以及地壳运动规律等，用途极其广泛。

一般说来，大气和海水的物质与能量交换，对全球变化起着至关重要的作用。在北极，由于冰的存在，它既阻隔着这种交换，同时又成为这种交换的中间环节。因此，从高空到水下，做这种垂直剖面的观测，正在成为新的热门。这里的关键是，由于天公垂顾，在北冰洋的冰面上，恰恰散布着一定数量可供人类做此种观测的冰盘。它们薄厚不均，大小不一，在白色的浮冰中脱颖而出。如从高处俯瞰，有如绽放在千里冰面的冰上之花。

就在当日凌晨的2时32分，我与23名队友，在两进极区后，第一次踏上了冰盘。大家欢呼雀跃。我做的第一件事，就是刨坑挖雪，亲口尝了两把。尽管冰冷扎牙，口腔内冻得已无感觉，但仍觉比自来水好吃。这块冰盘有四个足球场大，表面起伏不平，多处存有几十平方米的冰间湖，湖水微咸。走过三条冰裂缝，在距船500米远的冰盘中间，就是这个临时观测站的营地。其由三顶帐篷、两处天线和一个2.5千瓦的汽油发电机组成。而一旦一块合适的冰盘，在一定时间内被用作了相关的科学考察，它就拥有了一个专业名称，一个学名，叫作"浮冰漂流站"。在当代，人类自从有了北极的科学考察之后，浮冰漂流站的发现与启用，是一个重要的里程碑。

到20世纪初叶，人类对北冰洋的考察，一直受困于冰间水道和冰脊的阻隔。1928年，美国人斯托克逊带领一个四人考察队，在阿拉斯加以北数百公里处的一块浮冰上，坚持观测长达半年。这块厚度将近20米的浮冰，驮载着坚韧不拔的科学家，漂过了700公里的长路，成为浮冰漂流站的最早雏形。1934年，苏联的一艘北极运输船在冰区被困，并被挤坏。船上的一百多乘客，弃船后在冰上宿营，后被空运撤出。受这一过程的启发，苏联在三年后，在北极建立了世界上第一个浮冰漂流站——"北极一号"站。

"冷战"时期，北冰洋曾是美苏对峙的重要场所。当时还没有"全球变化""地球家园"这样的环境理念，但双方均投入巨大。圣洁的冰雪，永远记载着那些普通人，在这样的年代所付出的艰辛。中国首次北极考察，"雪龙"船的冰区导航专家是来自俄罗斯的弗拉基米尔。他曾在苏联位于西南极的别林斯高晋站，出任过站长。我在十四次队时，曾对他进行过采访。他以自己的亲身经历，讲述了这段不为人知的历史片段。

1981年4月，他第一次到了北极，并在一座浮冰漂流站上工作。该站序号为"北极22号"，建在一块巨大的浮冰之上。其位于北纬86度、东经0度，长两公里，宽一公里，冰厚25米，可起降飞机。站上越冬26人，度夏最多则可容纳150人。"有趣的是，"他说，"由于浮冰流动，今天在东半球，明天就可能在西半球。""北极22号"曾在1981年秋天，漂到了离北极点几十公里的地方，在1982年春季，又到了北纬86度、东经9度的地方。后来，当它进入格陵兰海时，它已漂过了16000公里的路程。它在北冰洋上漂流了近九年，是苏联所有浮冰漂流站中，漂流时间最长的站，先后有1500人在上面工作过。弗拉基米尔虽然在这个站待了13个月，但真正对"在北极站上工作"有所了解，则是在三年以后。

1984年4月，他来到了位于北纬81度、东经170度的"北极26号"站。由于冰间水道的出现，使他两度濒临危境。"最惨的一次，"他回忆道，冰间水道将整个站区一分为二，要命的是食品和油料被分

这样一处北冰洋的冰盘，直径约一公里。

小艇向冰盘运人卸货。

在了两头。没有油料就没有电力，因而也就无法取暖。而有面包的这一边，又由于面包是特制的，加了高度酒，不能加热就几乎无法下咽。当时已是 11 月，气温在零下二十几摄氏度。由于是突然开裂，弗拉基米尔掉进了温度为 −1.8 摄氏度的海里。水没至颈，很快他就全身麻木，幸被救起。隔着 300 多米的水道，两拨人马无语而对。就这样，他们等待了四天，期待着水道的重新结冰。冰终于结上了，但只有五至七厘米厚，人只能爬着过去。饥寒交迫，他们却在心里为"快点降温"默默祈祷。又等了四天。这时气温已降至 −25 摄氏度，冰终于结到了 14 厘米厚。这样，26 名历尽劫难的越冬人员终属安全。但毕竟损失惨重，站上急需补给，却由于冰薄飞机不能降落。于是他们就取海水泼到冰上，用以加厚。这样一直干到 12 月初，第一个架次的给养才送来。

然而噩梦并未结束。1988 年 4 月，他又一次来到"北极 28"号站，任务依然是海冰监测。该站离北极点只有两百多公里，位于北纬 88 度、东经 180 度的国际时间变更线上。这一次"到了冬天以后，"他说，"冰上到处布满了裂缝，出现了很多小水道，并慢慢蚕食着站区。"开始的时候，站区长 1.5 公里，宽 1 公里，可以起降飞机。到后来，竟被挤成了 150 米长，100 米宽的狭小空间。又是 11 月。这已是极夜时间，黑暗笼罩着一切。飞机由于不能降落，只能盲投，于是成了天女散花。最远的空投物品，落在了 30 公里外。水道太多，物品又重，他们既不能远追，追到了也无法回拖。

苏联在浮冰漂流站的建设上，拥有丰富经验。这种站舍全部采用轻质材料，壁板厚 10 厘米，两面木板，中间为优质保温材料。每个房间都是 2 米 × 4 米 × 2 米。正是考虑到冰间水道的严重威胁，建筑全部为拼装式，要求必须在 1 至 1.5 小时内拆装完毕。在南极，俄罗斯一向有女性参加越冬的传统。但在这些浮冰站上，则永远是清一色的男性。"只有在数十个陆基北极考察站里，才能看到她们的身影。浮冰漂流站那里则太苦，太难，太险了……"弗拉基米尔一边大口地吐着烟气，一边说，"有人就为此而殉职。"

苏联浮冰漂流站存在的最严重的问题，就是漂流期间冰块的断裂和解体。有的站，曾在一年内断裂了几十次。而且，这种情况并未因时间的流逝而有任何改观。事实上，对一个浮冰漂流站来说，严重的断裂，一次就够了。

据报道，2003年4月26日，为了纪念北极科学考察活动的正式恢复，俄罗斯特意在"北极－32"号浮冰漂流站上，举行了升国旗仪式。该站所在的浮冰，面积有1.5至2平方公里，然而它却并未因这一标志性的事件变得更加坚固。当它漂流至挪威斯匹次卑尔根岛西北约400海里处的北冰洋洋面上时，便开始崩裂。漂流站六栋房屋中的四栋，也随着断裂的冰块，沉入了冰冷的洋底。幸运的是，站上的12名科学家，没有生命危险，他们都躲藏在剩下的两栋房屋中，那里储藏有足够五天用的生活用品，还有卫星通信设备和两台柴油发电机。

在北极考察的鼎盛时期，苏联共建有浮冰漂流站31座，全部漂流时间为29726天，总漂流里程接近17万公里。这期间，虽然美国人也建造过浮冰漂流站，但在时间上却比苏联人晚很多。然而，在北极独步一时的苏联，在20世纪90年代，却随着国内形势的急转直下，那31朵镶嵌在北极浩瀚冰面的冰上玉英，仅仅数年间，便消失得无影无踪。同时分管南北极事务的俄罗斯南北极研究所，人数也由20世纪80年代的2000人，锐减到最少时的600人。

对此，中国国家海洋局极地研究所的时任副研究员陈波曾感慨万端。他是中国首次北极考察的首席科学家助理，兼海冰组组长。他当时就认为："俄罗斯的一度缺席，是人类研究北极的重大缺憾。"他所说的缺席，是指"冷战"时，苏联采集到的丰富北极冰情资料，并不对外开放。后来开放了，却没有了采集的实力。而浮冰漂流站，恰是北极冰情资料采集的重要来源。据报道，仅仅因为财政问题，俄罗斯的最后一个浮冰漂流站"北极－31"号，于1991年7月被迫关闭。"这难道是一种不可避免的宿命吗？"陈波问道。

然而，令我们欣慰的是，2004年9月9日，在北冰洋一块约12平方公里的巨大冰面上，俄罗斯国旗再度冉冉升起。这不仅标志着俄"北极－33"号浮冰漂流站的正式运转，也同时意味着俄政府对北极浮冰漂流站的财政拨款，在中断了13年后的重新恢复。政府当年为该站项目的财政拨款为7000万卢布，为此，科考人员还专门向俄总理发去了感谢电。"北极－33"号站位于北纬85度08分、东经155度18分，冰面每天都自东向西移动4.8到8公里的距离。按照计划，科考人员还将在冰面上开辟一个长1.2公里的飞机跑道，以保证安－72和安－74飞机在上面起降。据悉，漂流站将运行两年。

令人振奋的好消息不断。就在2014年12月10日，在圣彼得堡参加"北极：现实与未来"国际论坛的俄罗斯自然资源和环境部长东斯科伊宣布，俄罗斯将于2015年，正式恢复北极浮冰漂流站的考察工作。

不过，就在"北极－33"号浮冰漂流站启用后的仅10个月，俄罗斯高纬度北极考察团团长索科洛夫就向媒体介绍说，受太阳长时间连续照射影响，当地气温最近一直保持在零摄氏度以上，漂流站所在的大块浮冰逐渐融化，其表面面积不断缩小。另外，建站后这个浮冰漂流站平均每天漂流七到十公里，也大大高出计划中的漂流速度。综合各方面的因素考虑，决定于次年秋天将"北极－33"号站转移到新的浮冰上。

其实，这就是浮冰漂流站不好的一面。既然是冰，热度多了就会化掉；既然是漂，也就总有速度不如愿的时候。

36 /

冰站值班

1999年8月19日晚8时，我按照考察队事先排定的"战斗序列"，乘艇前往联合冰站，担负防北极熊的值班任务。一个月前，共有六名男性记者接受了半自动步枪的射击训练，并被选中为后来的冰站守望。我成为幸运者之一。当时大家的心境是豪迈而轻松的。但随着船只三次遇到北极熊后，话题敏感起来。最"恶意"的一句安慰话是："一般说来，北极熊是不会主动攻击人的，如果它不是饿急了！"

冰站是一个平台，所有能上的考察项目轮番上阵。到了夜晚，只剩下天气和通量两项观测。待送走了大拨人马，那个3米×4米的帐篷门前，纯粹的科考人员，只剩下了逯昌贵、李诗民和周立波三位。他们一再强调："有北极熊，肯定是大家一起上！"这话我信。但显然，值班人员应当是第一梯队，这是职责所在。当晚并不冷，气温为 -3 摄氏度，风速每秒8米。但我在同室仁兄的照料下，穿着甚多。老逯说，"这些天，大家看北极熊都看出毛病了。看你这副模样，假如还有另一个伏击小组，弄不好会把你当北极熊误击。"

老逯的话虽是戏言，但却让我想起了进入北冰洋后，我们第一次遇到北极熊的情形。那是一个多月前的7月17日。也许是期待得太久了。当天下午2时46分，当"雪龙"船终于与两只北极熊不期而遇的时候，几乎所有能动的人都涌向了甲板，其阵势只有救生演习可比。作为北极的象征，白色的北极熊是该地区最大的食肉动物，分布于北冰洋的冰面和沿岸。它们主食海豹，奔波于北极的浮冰上，过着水陆两栖的生活。

我随着大拨儿人马，在第一时间赶到了前甲板。但在最初的几分钟，却两眼空空。直到有人在灰色的天空下，在约2000米的海冰之上，辨认出了那个活动的小白点。我从200毫米的长焦头里望去，它走得很快，左摇右摆，又东张西望，一副满不在乎的样子。而这时的船头，已是各种相机"长枪短炮"排列成行，就像一支伏击部队，只等目标进入有效"射程"了。就在它笔直地朝我们走了一两百米后，却忽然拐向它的右前方了。这一瞬间，大家都按了快门，但却是带着遗憾一起曝光的，因为影像太小了。只有专业摄影人员的脸上，写着"胜利"二字。因为他们的长家伙发挥了威力。这时，我身旁一位酷爱摄影的队友猛然跺脚，大呼一声："回家就换800的长焦！"

好在间隔不长，按照驾驶台广播的，另一只又出现了。于是，有人开始了自战解说："这一定是两口子，我先照了那位，再照这位。"其实他说的还真不对。北极熊年满两岁后，就开始了自食其力。而且一旦长成，很少与同类做伴，总是漂泊不定，独往独来。这可能与它们的食量太大有关。它们的胃，一次可容纳50～70公斤食物。在北极，能这样大口吃肉的机会，一定不多。

此时，"雪龙"船尚处在浮冰区的北纬70度29分、西经167度31分，周围是五六成浮冰，中间还站立着一些冰脊。就这样，两只很可能是偶遇的北极熊，时而跳跃，时而信步，忽远忽近，时隐时现，弄得一船人的情绪起伏跌宕。

最后的高潮，是它俩中的一位溜到了船的左舷。还是那么远，但它在越过一处冰脊后，停住了，用力抻着鼻子嗅着什么。那些已经收起来的照相机、摄像机，和所有的目光，又最后一次聚焦。我们都期待着，它能下定决心，走向"雪龙"。哪怕，再走得近些。可它还在嗅，已持续了两三分钟。据说北极熊的嗅觉器官异常灵敏，可以闻到

► 在冰站的帐篷前留影。

► 联合冰站在施放探空气艇。

3.2公里以外烧海豹脂肪发出的气味。终于，它还是放下了脑袋，突然加速跑开了。

当然，我不能确知它走掉的原因。但据资料，由于大肆捕掠，从18世纪起，仅欧洲北部就有15万头北极熊被杀。当时北极的北极熊已不超过2万只，而且随着更多人的进入，其生存受到了更为严重的威胁。尽管我们带着最善良的目的，最和平的主张。但如果它确实因为怕人，或者讨厌人类而远远走开，又有什么不可理解的呢？

此后，我们又多次以这种船上船下的方式，与北极熊相遇。但随着冰站的建立，北极熊这一话题，开始变得沉重。等到8月22日，冰雪组在一处冰上作业点与北极熊面对面相遇，才让大家真正体会到，离开大船的保护，人与北极熊的直接"碰面"，并不是一件轻松的事情。那天的经过，是这样的。

为维持联合冰站的运转，"雪龙"船继续在北纬75度、西经162度附近活动，同时，考察队不断派出直升机，在更高纬度进行临时冰上作业。就"雪龙"船的破冰能力而言，是无法进入这些冰区的。事实上，在北纬77度附近，我们就已经进入了永久性浮冰区。这样的冰区，也是北极熊经常出没的区域。也许正是由于这一缘故，这天中午，在我们经过的一个作业点，就发生了一场有惊无险的人熊遭遇。

11时45分，"直九"载着一个五人冰雪组，飞临一个边长数公里的冰盘。其与永久性浮冰区紧挨。由于四周冰间湖和冰间水道甚多，实际的作业面积只有数百平方米。这意味着一旦出现北极熊，能躲的空间实在有限，更何况北极熊在冲刺时，其时速可达60公里。所以在直升机下降时，五个人都瞪大了眼睛，结果什么也没有发现。

上冰后，他们立即开始了紧张作业。时间过得很快，不觉已是12时22分。此时，组长康建成正用手摇冰钻打洞，猛一抬头，忽见正前不到200米的一个冰脊上，俨然端坐着三只北极熊，目光正指向他们。他一惊。更让他感到严重的是，组里唯一的女性队员孙俊英，此时在他正前 20 米处，还在专心地取着雪样。如果这时北极熊发动攻击，孙将成为第一个猎物。于是他疾声喊道："有北极熊！"听到喊声的孙波，看到眼前的情形，几乎与康同声喊道："孙俊英，快过来！"孙立即跑向他们，而且带上了样品袋。

康喊出的第三句话是："夏立民，快拿枪！"夏负责通信，兼警戒北极熊。他此时正在摆弄电话，56 式步枪就放在附近。他一步跃起，还被冰雪滑了个跟头。他几乎是四肢并用，边爬边跑，取枪、上夹、拉栓，一气呵成。个头最大的队员王新民，一面向大家聚拢，一面观察。他注意到两点：第一，看北极熊当时的样子，不像要发动攻击；第二，动物都怕红色。于是他提醒大家："别慌，千万别慌。咱们这么多人，又都穿红色，它们未必敢过来。"他还特别提醒小夏："千万别开枪啊！"就这样，五个人与三只北极熊，出现了短暂的对峙。其过程，有人说三分钟，有人说五分钟。这期间，有三名队员还趁机拍了照。最后，由大的带头，三只北极熊逐个起身离去。

孙波博士事后说，在第一眼看见北极熊的时候，其实也没看得很清楚，但就感觉其目光森然。在对峙的过程中，他的目光居然与北极熊的相接。他发现，待他们有了枪，心里踏实后，又觉得这几只北极熊的目光里，其实还有平静、友善，甚至有某种人性的东西，就像动画片《狮子王》里的"好狮子"。

大家都注意到，夏立民持枪跑来后，朝前迈了一步，这样就站到了众人的前面。他像个哨兵，持枪而立，但始终没有举枪。事后小夏说："它们不过来，我为什么要瞄准，这样是不是太不友好了？它就是再走近，如果不是冲人来，我也不会开枪！"按照队里规定，一般情况下，北极熊不走进 100 米，不应开枪。

事后的一个争议点是，这三只北极熊之间，是何种关系。一家三口，这点没有分歧。但有人说，是两大一小。也有人说，是一大两小。对此，我查阅了有关资料，发现北极熊夫妻只在交配期厮守，过程一完便各奔东西。雌熊在生产后，要把熊仔带到两岁以后。这期间，小熊会跟着妈妈学习捕食，以及如何在严酷的自然环境下，赢得生存。按时间推算，当年的交配期已过，而且雌熊产仔，一般多为双胞胎。如此说来，这三者的关系更像后者。

另外关于这三只北极熊，那天何以会出现在工作现场？据报道，北极熊有时也很"淘气"。它们会偷偷地溜进考察站营地，试图品尝人类的食品。有时，它们还会非常温驯乖巧，会对考察站上人们的活动，产生浓厚的兴趣。其表现是，或者悄悄地跟在人们的后面，或者静静地躺在远处的冰上，观看人们的工作。但不管那天的真相如何，所有人还是被惊出了一身冷汗。不过，这都是后话。

还是让我们回到联合冰站。截至19日的晚上，虽然还没有出现过后来发生的人与熊的"会面"，但这种随时可能"蹦"出来的前景，已着实让我绷紧了神经。此时，在这个直径一公里的冰盘上，只游动着我一人。56式步枪，压弹10发，是我最可靠的伙伴。我给自己布置的第一项任务，是侦察，以便熟悉地形。我沿着逆时针方向，开始了巡逻。

走出20米，就是一处冰脊，海拔在6米以上，是全站的制高点。我命名它为"8·17高地"，以示这一天，中国人来到了这里。它的下面，是一处冰间湖。四周尽白，它却水色湖蓝，真正是这冰天雪地的一处温柔之乡。我命名它为"天池"。待我走到冰盘的另一端时，看到了同样的湖光山色。只是湖湖相连，湾多岛多。我命名它为"千岛湖"。接着我开始往帐篷方向运动。只剩两三米了，归程却被一条1.5～3米宽不等的小河阻隔。我想跳过去，但经细细观察，发现其两岸下部，已被海水侵蚀，一旦用力过大，岸塌落水，就算下身湿透，在这样的环境下，也会造成非战斗减员，而这，恰是我的职责所不能允许的。

小河也是岸白水蓝，蜿蜒曲折，像一条70米长"亲人的蓝头巾"，令人浮想联翩。尽管它碍事，我还是忍不住命名它为"小小三峡"。它给我两点提示：其一，我不宜在此久留，因为对岸有事，我无法及时增援；其二，小河一头连海，一头通向"天池"，北极熊很可能从此潜入。这很有点现代战争的味道：没有后方了。

我最后到的是冰盘的中部。这里有上百个一米多高的冰丘。显然，这应当是"江南丘陵"了。但这种地形最令我头疼。因为在这儿碰上北极熊，一定是场遭遇战。想到这里，"啪"的一声，我上了刺刀。

站在"8·17高地"上，我又在沿海处，发现了几个冰间湖。我一律统称为"五大连池"。放眼大好河山，再看看从帐篷里飘出的灯光，自觉责任是更重了，但豪气总感不足。我始终无法想象奋勇杀"敌"的场面。而念得更多的，却是领导反复交代的那句话："只要北极熊不对我们构成确实的威胁，千万不要伤害它们！"其实，这也正是我心底的主张。

好在，一夜无事。这使我感到一丝庆幸。我受到的唯一的一次攻击，来自一只海鸟。在这个稍显长一点的白夜，它曾两度飞临我的头顶，盘旋，甚至悬停。它通体洁白，一对美丽的眼睛，直直地看着我。而我，则一直报以微笑。但第三次，它却突然向我俯冲，同时发出了一声凄厉的尖叫。在规避的瞬间，我想起了南极。在那里，每当我们走出站区稍远，就经常受到如此的"礼遇"。因为，是我们误入了它们的领地。

天终于大白。有人接岗了。在随艇离开这个冰盘的时候，我悄然撤回了所有的命名。因为我们此来，并非为了征服。

37 /
冰洋故事

（一）

我的面前，放着一张特别的草图。

图上用写意的方式，标示出各大洲的轮廓。然后，就是在各洲之间的，那七八个不规则的圆。草图的作者赵进平告诉我，这些圆，代表的就是大洋的表层环流。它们是海洋中的"大河"，不远万里，浩浩荡荡地循环，并决定了气候系统的结构。在循环中，各个环流又有融合。由此，也就不难想象，南极水域竟发现了农药，而那里是不种庄稼的。

就一般人而言，所知道的大海的"动"，是指它的潮汐和涌浪。而这些环流的存在，应当使我们记住：地球是一个生命体，洋流就是她的血脉。

其中的几个"圆"，引起了我的格外注意。

来自赤道太平洋的暖水，在太平洋西岸转向北流，并大大强化。这就是著名的黑潮。其经菲律宾和台湾近海流入东中国海，接着流向日本东岸。黑潮带来大量暖水，形成温带的充沛雨量。然而，黑潮却并不能向北长驱直入。因为来自白令海的一支寒流，与它在此狭路相逢。它就是亲潮。亲潮的水量和知名度，均不如黑潮。但其来自寒区的高密度水，足令黑潮望而却步，只得相携双双奔向太平洋东岸。

这里，黑潮与亲潮的交汇，是一种动态平衡。这种平衡一旦打破，气候系统就会发生改变，包括中国在内的环北太平洋国家的气候，也会随之变异。

那么，什么东西会破坏这种平衡呢？主要有两个：一是发生在赤道的"厄尔尼诺"现象，它会影响黑潮的强度；一是发生在白令海的某些过程，就比如北冰洋与太平洋的水团交换，它能左右亲潮的强度。二者此消彼长，共同决定了中国头顶上的大气系统。

此时，"雪龙"船正继续在白令海徜徉。今晨3时，我来到右甲板。这时正是大洋班的海洋物理组在作业。海上一片静谧。涌浪很小，气温在6摄氏度左右。所谓的作业，在我看来非常枯燥，不过是用绞车，把一系在电缆线上的探头，施放到3600米的海底。

让我心动的，是这几个人。船回白令海后，大洋班几小时一次地连续作业，梦和觉一起被拆得七零八落。赵进平，46岁，国内唯一的国际北极科学委员会白令海计划协调委员会委员，首席科学家助理，他的语调和表情永远平和。此时，他的眼里布满血丝。而矫玉田，作为大洋班班长，在过去的两天里，也只睡了几个小时。

但我必须还要问这问那。比如水团。赵告诉我，其为"具有相同物理性质的水体的集合"。而中国首次实施北极考察，三大任务之一，就是"了解北冰洋与北太平洋水团交换对北太平洋环流的变异影响"。无论水团，还是环流，把握它们的钥匙，就是这台看上去枯燥的CTD探头。其中，C代表盐度，T代表温度，D代表深度。

赵进平说，温度、盐度、深度是考察一处水体物理性质的主要参数。如果都不知道一处水团是"甲方"还是"乙方"，又何谈所谓"交换"呢？至于水交换，则是海洋环流的事。海洋环流将水团带来带去，改变着水团的特征与结构。直接测量大洋环流是困难的，而测量温度与盐度则容易一些。温度与盐度是大洋环流的结果，我们就是从结果去推知原因。赵说，这涉及一些基本知识。比如，水中轻者在上，重者在下。孰轻孰重，关键取决于温度与盐度。正因为水有轻重，重者总要流向低处，才使得环流生生不息。

西北太平洋环流，是与我国气候关系最密切的海洋现象。还记得1998年的那场大水吗？"厄尔尼诺"现象在其中扮演了重要角色。"西北太平洋环流"与"厄尔尼诺"如此相关，以至于我们不能仅仅满足于在本土上"绿化""禁罚"。因为，这只是事情的一半。

（二）

如果需要，"雪龙"船可以二进北极圈，或者，再到其他的什么地方。但是，假如有人问，你们可以"进"一次北宋、大唐，或者东周、西周吗？你一定会觉得问话的人有毛病。这是我中学时代淘气时玩的一种游戏。但如今，却涉及一个有关人类生存和发展的大问题。

现在我们都已经知道了，人类虽然生活在陆地，但无论风调雨顺，还是天灾人祸，例如1998年长江发的大水，其实都与海洋直接相关。了解海洋，就必须掌握它的规律。而一沾规律，可不是捏着十年八年的数据，就敢开口的。这需要大时间尺度的资料。大到什么程度呢？比如，此来北极，有一个考察课题的名称，就是"楚科奇海与白令海沉积物中晚更新世以来古海洋学记录"。

面对这样一串汉字，外行的确无法兴奋。但海洋局一所的高爱国和程振波两位副研究员，却一脸的郑重。简单说，他们要记录的，是一万年以来的海洋情况，包括古温度、古盐度、古海流、古降水量等。这就绕不开刚才说的难题了。不过他们有办法，高招就是：挖泥。当然他们挖的"泥"与众不同。它们多少年下来，一点点地透过海水，沉到海底，学名就是沉积物。至于"挖"的方式，有两种：一种是重力取样管，其总长5.5米，直径12厘米，还有4片尾翼，看上去就像瘦型的巡航导弹；另一种是箱式取样器，上为箱斗，下为抓斗，体积为30厘米×30厘米×65厘米。两者均靠重力原理，靠系着绞车的

► 难忘的北极，难忘的经历。

钢缆往下抛。取上来的，除了"面色"发绿外，手感与男孩儿玩的胶泥差不多。

上船后，这些沉积物将随大家一起回国，然后运到青岛，再作各种各样的分析，学科涉及沉积学、地球化学、微体古生物学、矿物和古地磁学等。在此，不可能一一介绍，仅以沉积学为例。发了大水之后，大家都已对气象肃然起敬。海洋左右着气象，海流左右着海洋。海洋如此之大，海水如此乱窜，了解今天的海流已属不易，更何况一万年以前的呢。但海洋地质学家们已成竹在胸。他们用粒度分析法，就可以了解沉积物的动力过程，即古海流的流动过程。

谁都搬过东西。海流也会搬。很多明明在甲地的东西，生被海流搬到了乙地，并成了人家的沉积物。由于在海流的强弱与沉积物颗粒的大小之间，存在着某种对应关系，因此，只要知道了沉积物颗粒的大小，也就应该了解了海流的强弱。其方法包括筛析法和激光光谱照射法。至于哪个颗粒的"户口"上在哪里，基本上可以通过确定物质来源的方式，加以解决。

（三）

事实上，北极海—冰—气的相互作用，不惟中国人关注，北极考察各国均乐此不疲。原因有二。首先，两极是全球气候的发动机。其通过大气环流和大洋环流，主导着世界的整体气候。每有旱涝，总有人信神弄鬼。今天看来，这钱，不如花给南北两极。其次，由于气温升高，两极冰化带来的后果，已世人皆知。按照定论，一般中、低纬度气温变化一度，两级则要翻番。但近些年，北极的情况令人大惊失色。它就像一个冷血动物，任凭全球气温升高，它依然故我。这就情同一颗定时炸弹。它今天不炸，并不意味着你明天继续太平。那么，到底是何种原因使然呢？

来自中国极地研究所的康建成博士说，因此大家都在猜："是否冰化过程，将这部分热量吸收了呢？"据一篇美国人的论文，从 1986 年到 1995 年，北极冬季海冰面积的变化不大，但夏季变化甚大。论文表明，1986 年，北极海冰的覆盖面积为 85%，而到了 1993 年，则只有 70%。支撑这一结论的数据，采自北冰洋冰面积的 1/3。该论文至少在学术圈里，是爆炸性的，其有力地支持了上述猜测。

但是，仍有大量的工作要做。比如，另一个关键点就是，冰的厚度如何？这些年它发生了哪些变化？尽管它如此重要，但至目前，尚未有一个说得过去的数值。弄清冰厚，文章甚多。雪冰物理组的任务，就包括用先进雷达测冰厚度，以及现场对雪冰的物理性质进行观测，提取一透过冰层的柱状冰芯等。而从研究冰厚度的角度看，还应当包括雪的厚度和雪的特征。这是因为阳光照射，首先照在雪上。影响冰对阳光反照率的因子，就包括了粗糙度、杂质含量和水含量等。这都与雪直接有关。北极的冰不同于南极，是两头冻融。而已消融的部分，人们已无从知道。所以，在大尺度时空的研究方面，数据的比较是至关重要的。一方面，他人已做工作，我们可以比照。这是科学超越国界的魅力所在。而另一方面，我们，也只有再来。

（四）

用数学模式模拟气候，是一个常用的科学手段。但在北极，却暴露了它"偷懒"不成的无奈。比如模拟北极的现代气候，仅降水一项，20 多个模式，不仅彼此差距甚远，要命的是与实际观测结果，数值差出一倍。而当模拟未来气候时，结论会令你的心"突突"地跳。这是在 1990 年前后，美、英、加三国的科研机构，分别模拟由于二氧化碳加倍，引起全球气温上升多少。模拟结果：中、低纬度增加 2~3 摄氏度，但北极，却增加了十几摄氏度。前者，勉强可以接受，而后者，几乎是印证了诺查丹玛斯预言中，最悲惨的部分。

模拟所以变成"造谣"，原因不在模拟本身，"而在于人们对北极海—冰—气交换，或曰大气的垂直交换，还知之太少，"59岁的曲绍厚研究员这样说。这也是导致他不顾老伴儿的反对，执意再来北极的原因。此前，他已两到南极，一赴北极。多年的野外奔波，使他的心脏，几年前出了点毛病。他此行的工作，也是"北极地区海—冰—气交换过程"的研究，家伙儿为软式气象塔。所谓的塔，不过就是一根线拴着一个充氦汽艇。当然，上面要带上探测温度、湿度、压力和风速与风力的传感器，并由船上的接收和处理装置实时给出结论。

所谓的交换，有物质和能量两种。物质主要是水汽等，能量是指太阳辐射。假设北极的海—冰—气交换的冰上部分，是一个大的气柱，一公里以上的，人们可以通过卫星遥感，和路基站的高空观测，坐在沙发上得到。但以下的部分，则只能靠现场作业了。这部分叫"大气边界层"。模拟所以失误，在于给出的海表的变量太少，只有两个。而老曲做的，多达六个。几天前的冰盘联合观测，26个小时中，他没有合眼，但兴致，却高过年轻人。原因是，他在这个地域的上空，发现了一个罕见的强逆温层。

逆温层哪儿都有。一般说来，温度随高度降低。逆温层相反。让他一惊的是，在南极，从地面每提高10米，温度提高零点几摄氏度，他上次在北极做的，也大致如此。但这一次，高度提高10米后，温度却提高了1.2摄氏度。逆温层的存在，使能量与物质交换的过程缓慢。但它并没有闲着。它在积累着能量。到了一定的值，这些能量会朝着冰层倾盆而下，并在局部加速冰化。很多人有这样的经验。一块冰，当它是一个整体的时候不易融化；一旦某个局部先行开化，有了水面后，整体的融化就不可阻挡了。

我们都已知道，北极冰的多少，与全人类的幸福攸关。研究北极海—冰—气的相互作用，很重要的一点，就是试图把握北极冰融冻增减的机理。这一观测，为研究北极海—冰—气的相互作用，提供了新的路径。但老曲一再提醒我，根本上弄清这一问题，还需要太多这样的观测，也许要几代人的时间。他最反对的，是别人把这次观测说成是"发现"。一向温良恭俭让的老曲，每遇这种情况，语气都要生变。

（五）

行船怕雾，小艇尤甚，但北极雾多。13 日 16 时 30 分，在万般无奈的情况下，船载 25 吨的"长城"号艇，带着十几位队友，和五名图克港联检人员，冲进了一片雾海之中。当时的能见度只有二三百米。袁绍宏船长执意登艇。他说："危险的时候，我不能只让兄弟们在！"但袁从不蛮干。他带上了三件东西，一个手提式 GPS 定位仪，一把电筒，和一张海图，尽管是十五万分之一的。送行的人都明白，船长追求的，是顺利往返的最大概率。

由于图克港水浅，大船只得在距港口 25 海里处抛锚。又碍于大雾和有关规定，直升机难以升空。按照计划，他们在送走两名队友和五位客人后，再接回一名来自香港的队员，和 60 名"全球华人北极世纪行"的成员。3 小时 45 分后，他们终于上岸。船上也松了第一口气。待能见度稍有好转，队上决定"世纪行"的部分队员乘机来船，小艇返回。但艇刚出港湾，一个浪头打来，单边摇摆就达 20 度。"这样再走会出事！"船长曾两次在小艇历险。他果断决定返回。由于锚地海底是泥质，大船一旦走锚后果严重。无奈，船长等乘机回船。于是，五名队友，就这样留了下来。他们是三副朱兵、水手夏云宝、见习三管轮黄嵘、见习电机员王硕仁和首席科学家助理秦为稼。秦的情况是，船长、四名船员和他自己，都希望他能留下。

图克港很小，多为因纽特人，条件简陋，物价奇贵。整整一夜，他们五人连着找客人，打电话、望海况、运蔬菜，到清晨，已是疲惫不堪，但航行条件仍未改善。于是他们只得来到一家旅馆。大家都看着小秦。但他只订了一个九平方米的单间。两张单人床，中间的走道，比肩略宽。秦体重100公斤，但他坚持和他人合睡。大家争来争去，最后按照实事求是的原则，夏与王一床，朱和黄则躺到了地板上。只有两床薄被，它们当然也"睡到"了地上。

回船后我问秦，为什么不多订个房间。他停了一下，说："太累了，我也想舒服点儿。国家穷，能省就省吧！"我采访海洋局极地办多年，深知，我国极地事业经费的每一分钱，是都要掰着花的。

随着时间的推移，考察队的时间计划，已越来越具有刚性。眼看又一个白天，在大家的祈祷中，在重雾的压迫下，将要度过。我们虽不确知他们的情况，但在异国他地，在"穷乡僻壤"，仅就心境而言，他们离船，就是第二次离家的人。

当地时间8时21分，我们得到消息：小艇出来了！此时的风力在五六级。其掀动的每一个涌浪，对艇都是洪水猛兽。五个人作了分工。王硕仁在甲板作GPS定位，秦管雷达和传话，老夏操舵，朱兵看海图，黄嵘兼机器和协助老夏。从动艇到回船的整整5个小时里，单边摇摆始终在10°～15°，人的五脏六腑，都像换了地方。黄嵘第一个吐了。谁都站立不稳，于是大家都像尿了裤子，本能地站成马步不变。小秦的马步站得"最好"，因为他总有些夸张，这样大家就多了个话题。在极地有个说法，领导者必须起码具有幽默的素养。

但大家却笑不出来。由于小腿用力太多，操舵的老夏竟然在40分钟后，腿部抽筋。驾驶室里有座位，但谁也不敢坐。不知为什么，一坐下不是头疼，就是恶心。令他们欣慰的是，艇一出航，就听到了大副的声音。船艇都装有甚高频电话，但距离超过19海里，由于艇的功率小，就只能单向收听。"'长城'，'长城'，我是'雪龙'，我是'雪龙'……"大船知道小艇无法答话，但一直重复着。

此时，宽阔的波弗特海上，"长城"艇已被雾气紧紧包裹。最差时，能见度只有几十米。涌浪一次次将船头打歪。两次，GPS失灵，艇其实是在小范围转圈。在大船的驾驶室，船长的两道剑眉紧锁。他说过，

"如果不是担心大船安危，我是不可能回船的！"他一把抢过话筒："'长城'，'长城'，我知道听不到你们的声音。但现在请你们按一下高频的键。"朱兵的眼睛一亮。他知道这是现在联系的唯一方式。他按了一下。船长的话立即跟了过来："很好。如果你们顺利，请按一下；如果遇到困难，请按两下。"一股暖流流过众人的心底。朱兵想都没想，就按了一下。同时，嘟囔了一句："不到万不得已，还是报喜不报忧吧！"

在接下来的漫长时间里，是这样度过的。船长宣布："共青团号广播站，现在开始播音……"船长说一句，小秦重复一句，还不断塞进"私货"。直到他开始给大家介绍，大厨正在为他们准备丰盛的晚餐，有"花菜炒肉"……直到这时，他们才忍无可忍地告诉小秦："求求船长，千万别再提肉的事！"原来，他们此时由于晕船恶心，肚子里也正在翻江倒海呢。

事后船长说，根据他的经验，艇上当时最需要的就是心理支持。他还告诉我，他压力很大。因为船员中仅有的三个未婚者，都在艇上。

在艇驶到距船一公里的时候，黑暗已经降临。忽然，"雪龙"船上汽笛长鸣，响遍附近海域。队员们则纷纷来到各层甲板，开始默默地等待。21时15分，离开母船29个小时的"长城"艇，驶入了我们的视野。当五个人先后爬上大船，走进船舱时，队友们依次报以热烈掌声。这时，我看见23岁的黄嵘，已是热泪盈眶。"嗷——"他突然猛吼一声，试图宣泄自己的情绪。

船长说，这是进入北极以来，"雪龙"船第一次拉响汽笛。

（六）

在一般人的印象里，南边有极，北边也有极；南极有个臭氧空洞，北极好歹也该有上一个，自然界是讲对称的嘛。当然，没有人真的会希望如此。因为大家对臭氧空洞的危害，已有认识：没有臭氧的阻挡，相当于平时4~7倍的过量太阳紫外线，将长驱直入，灼伤人的皮肤，破坏地球生物圈，甚至，毁灭一切生命。

好在，这样的一种对称，尚未出现。不过其道理，我是在此行的一次学术讲座上，方才知晓。主讲人是邹捍。一位来自中科院大气所的研究员。他当年40岁。在那副白色的眼镜后面，始终深藏着一股血性。

邹捍说，正因为这个所谓的"空洞"，出于人为，所以当然谈不上对称性。但毕竟南北极有很多相像之处，譬如寒冷。但地球为什么会"厚"南"薄"北呢？这便打开了邹的话匣子。

首先，邹说，在他们的这个学术圈里，大家宁愿称这种现象为"臭氧耗损"。臭氧（O_3）是氧气（O_2）的衍生物。它们在自然大气中的浓度为十亿分之五十左右，主要集中在20～28千米的高度上。如果说"空洞"，望文生义，似乎老天爷从上往下打了个眼儿。准确的描述应该是，全球大气的平均臭氧含量为300个多普森单位。南极"臭氧洞"的低于200个，即其浓度减少了1/3。

南极臭氧"空洞"的形成，已有一个成熟的理论：每当冬季到来，日照减少，地面对大气的加热作用减弱，南极平流层中的绕极环流加强，使南北向的物质交换减弱，南极平流层的大气基本成为孤立体系。由于南极平流层的低温一般在−80摄氏度，极易形成冰晶云。而冰晶云与大气的界面，存在着一种"非均相化学反应"，该反应就导致臭氧亏损。亏损自然不好，但大气原是一个整体，本可以加以补充。坏就坏在那个绕极环流。它像一堵墙，使南极的臭氧亏损难以得到补充。

同是极地，南极何以有这堵墙，而北极没有呢？邹捍说，这是由海陆分布决定的。打开地图，一望可知：环绕南极的，是宽阔的南大洋。而北极，陆地与海洋犬牙交错。北极的绕极环流，自然就被大大减弱了。

"但人类却不能由此而心怀侥幸。"邹捍强调。事实上，北极的臭氧含量比中纬度少得多，并且还在减少。据他掌握的资料，在 1996 ~ 1997 年冬，北极就出现了类同南极臭氧亏损的过程。至于以 200 个多普森单位作为是否亏损的标准，是人为的。"在本质上，201 与 199，又有多大的区别呢！"正是由于北极不存在南极那样强的绕极环流，南北向的物质交换还比较充分。一旦北极的臭氧亏损超过临界点，也就意味着人类主要栖息的中、低纬度地区，也已经暴露在有害太阳紫外线的强大照射之下了。

随着联合冰站的启用，邹将开始他的臭氧观测，方式是释放近10枚探空气球。其上携有各种探头，可实时记录空气中温度、压力、湿度，以及臭氧的垂直分布情况。

"既然人类是臭氧亏损的肇事者，那么我们就应当像当初学会使用冰箱一样，学会自律。"邹捍说。

工作间隙，队员们在抓紧用餐。

38 /
极地文化

有人的地方，就会有文化。特定的地域，经过特定人群的打造，就会有特定的文化。人类踏足极地之后，经过一百多年的发酵，终于酿就了品性醇厚的极地文化。中国人来到两极，又使这一文化得到了极大的丰富。所谓极地文化，就是最能体现极地价值观念的行为方式的总和。三到极地，所见所闻，加上亲身参与，使我对极地文化有了切身的体会。那么，这一文化都集中表现在哪些方面呢？

一、勇于献身

在极地，人类除了借助不断进步的技术手段，还必须加上自己的精神力量，才可能与严酷的大自然维系某种平衡。因此在极地考察队伍里，献身，不是一句说辞，而是一种准备，或者说是一种状态，不论中外。七次队的时候，就有过两回，当危机向我们走来的时候，我的队友们，没人选择退缩。

第一次，就发生在"浮冰卸油"的时候。

当时最危险的任务，是要派出人马，踩着活动的浮冰，把输油管从船上铺设到岸边。但站上的人谁要参加，必须报名。报了名，不一定让你参加，但若不报，一定没你。因此把名报上，成了当时考察队员们争先恐后的事情。没有专门的动员。有的只是午饭的时候，副队长国晓港一边踱着步，一边一字一顿地介绍即将展开的卸油大战。他把餐厅的空气，加热到了划火即着的程度。记得他说的最刺激的一句话是："我们将组成敢死队，不怕死的跟我来！"

晓港这句曾让队员们热血沸腾的话，在今天看来也是此言不虚。当时，在大家的期盼下，海冰终于破碎了，碎成了一块块一米多厚、百平方米大小不等的硬物，其中的一部分，正在风、浪、潮的作用下，往来漂浮，相互冲撞。此时一旦落水，被冰挤压，那是非死即伤。坦率地说，当我决定报名的时候，就有一种"危险"的意识，从脑际流过。当然只是瞬间，它就被存在于血液中的血性，驱赶得无影无踪。我想说的是，我相信，一定会有其他队友，跟我一样，经过了这样的心路历程。

于是作为随队记者，我开始对两件事情产生兴趣：第一，大家会怎么报名？第二，会有多少人报名？关于前者，我看到，大家早早就来到站长室，排好了队。我粗看了一下，除了因岗位不能离开和年龄明显偏大者，该来的，基本都来了，而且都很平静。只是轮到自己报名的时候，声言会变得洪亮："我！""还有我！""我没问题！"年轻队员郝兴华因为瘦，被称作"一排长"。他因有事来迟了一步，便进门先堵嘴："我想国队长是不会把我忘了吧！"国的脸上露出了满意的微笑，头也没抬："忘不了你，现在就需要轻量级的考察队员！"显然，队上的报名策略发挥了作用，整个报名过程踊跃而又理性。由于"敢死队"只需要18名队员，最后在报名到差不多时，便截止了。时年27岁的队员陈旺，无意中发现原来自己报了名也不会让上冰，目光中顿时流露出巨大的失望与失落："危险对谁都一样，是不是就因为我爱人在美国啊！"事后我采访了晓港，想要一个报名的准确数字。他的回答没用数字，但却比数字还要准确："该报的，都报了！"

第二次，发生在过西风带的时候。

在"大洋搏击"一篇中，我曾讲述了七次队在返航途中"极地"号船遭遇强气旋袭击，后被巨浪追打，一根缆绳入海险遭不测的情况。那晚，我们之所以能抓住一个大风大浪的间歇，快速根除了缆绳这一隐患，共有两个关键环节。

第一个环节。在水手长最先发现有缆绳被巨浪打散并入海后，"抢缆"就成为必需。按照船上分工，缆绳归水手管理。而按照当时国家海洋局的"船舶条例"，大副是甲板部门的领导人，故"抢缆"之事就由大副牵头。因此，当考察队员们在左餐厅争着报名参加"抢缆"的时候，那六位船员的"悄然现身"，是一个非常职业化的反应。也就是说，当职业与危机一同招手的时候，"极地"号船所有能来的水手，都在第一时间出现在了应该出现的地方，虽然他们最清楚将要面临的风险。他们是：水手付金平、张宝林、杨德元、王福庆，水手长郭坤。而带领他们冲向后甲板的，就是大副韩长文。事后据韩大副的介绍，在这一过程中，没有任何人出现过任何的拖沓与游移。

第二个环节。当时的情况是，六名船员在后甲板拼命，二三十个考察队员在餐厅里联动。虽是一窗之隔，窗外却随时都有被巨浪吞噬的危险，窗内则意味着绝对安全。但随着时间的流逝，人手上外"紧"内"松"的情况就显露出来。此时，时间就是安全，时间就是生命。而对时间的争夺，此时完全取决于投入后甲板人力的多少。当大家慢慢看清这一点后，没有人下命令，一直在窗口带着大家的副队长刘小汉，便带领七八个队员，一起跳出了窗外。于是，整个进度大增。要知道，他们跨过的，不是普普通通的窗户，那是生死两界，阴阳两隔。20多年过去了，汉兄对我说，他还依然记得，情急之下，他跳到了后甲板的那一幕。

二、挑战极限

人是生物体，其各种机能都是有限度的。特别是在极地这样恶劣的自然环境下，人体的多数能力都会受到极大的制约。然而，就像人在讲求理性的同时，又避免不了感性的诱惑一样，人在承认极限的同时，又不愿放弃挑战极限所带来的快慰。这一点，在极地表现得尤为充分。于是，就如同身在高山，讲究攀登，人在沙漠，喜欢穿越一样，在两极，能够适应一般考察队员的挑战方式，就是在这冰天雪地，下水游泳。

自从人类到达南极之后，究竟是哪国考察队员最先在那里入水游泳的，已无从考证。但是到目前为止，最负盛名的游泳之地，是新西兰南极考察站斯科特站所在的范达湖。该湖湖面冻结着一层两三米厚的白冰，湖水清澈碧透，最深处66米。它最奇妙的，是它的水温呈明显的"垂直分布"。在它的最深处，水温高达25摄氏度，升至50米处，水温急剧降低。再至40米处，水温缓慢降低，到了15~16米处，只有7.7摄氏度。而到了冰层所在的水体表面，水温已是零摄氏度左右。注意，人在湖里游泳，所在的，就是这个水层。因此在湖边，立着一块写有"新西兰皇家范达湖游泳俱乐部"的标牌。它没有写出来的一个意思是，凡在此处游泳者，即为最勇敢的人。此外它还有一个神秘之处，就是所有来此"一游"的人，不论男女，均要脱得一丝不挂，以接受纯洁冰水的沐浴。令人没想到的是，第一个享受范达湖这一系列"待遇"的中国女性，竟是时任中国科学院贵阳地球化学研究所的副研究员李华梅。

她也是中国第一位登上南极的女性。1983年12月4日，时年47岁的她应新西兰政府的邀请，前往斯科特站工作32天。这天，该站上所有新外考察队员，全都来到了范达湖畔。男士们已陆续下水，其他几位西方女性也已迅速跟进。轮到李华梅了。只见她很快开始脱衣解裤。当脱到只剩下内衣内裤的时候，她便一头扎进了冰冷彻骨的湖水。没有人认为她坏了规矩。因为大家知道，对刚刚走出封闭的中国女性而言，内衣内裤，是她们的又一个极限。所以她上岸后，当场同样得到了一枚该俱乐部负责人颁发的纪念奖章。

李华梅在南极游泳的消息，很快就在国内传为美谈。首次队在1985年建成长城站后，便有队员在西南极下水；中山站建成后，东南极很快

紧张的施工之际，一只企鹅赶来探望究竟。

也有了中国人的游泳纪录。到了 1999 年，中国政府组织首次北极考察的时候，中国人游泳北极，似乎已成了水到渠成之事。这年的 8 月 25 日，就在北极考察顺利结束，"雪龙"号船开始南返回国的首日，这天的船时 12 时，考察队按照北极地区的传统，举行了告别北冰洋的游泳活动。全队共有八名队员，七男一女，先后跳入了水温 −1.8 摄氏度，流速为 8 厘米 / 秒的北冰洋。这八人依次为：孙覆海、张岳庚、王海青、刘弘、李亮、齐焕清、王滨生和李乐诗。据科考队员吉国为每名游泳队员所统计的时间表明，在水中最长时间的为本人，长达 100 秒。这个时长，已足够一个人领教挑战低水温极限所带来的滋味儿。

三、有求必应

在人类社会，越是像草原、沙漠、海洋这样生存条件恶劣的地方，越是容易得到同类的帮助。这是一种智慧，更是高级形态的生存法则。在极地，就我所经历与了解的，不管是锦上添花，还是雪中送炭，也都是你有所求，他必有所应，每每如此，屡试不爽。事实证明，在这冰天雪地，恰是一个有求必应的君子之国。

七次队的时候，我们就有过两次，不求人，这个坎儿就是迈不过去。一次，是由于冰情严重，船到了家门口，人却进不了屋。一次，是因为要在浮冰上卸油，既要借油管，又要借油罐。而这两次，我们都"求"了人，办成了事。

第一次，是说在1991年1月11日，"极地"号船已到了离中山站28海里远的地方，而且船上还带有直升机，其可载四人，续航能力有300公里。但由于在极区，单机飞行不能超过15公里，就使得在冰情严重船只受阻的情况下，人员及物资的提前登陆无法实现。于是我们就借，向苏联南极考察队的直升机借了免费的七个架次，使得一部分考察队员和物资提前登陆，尽早开始了站区建设和陆上科考。

如果说这次的"借"并不纯粹，因为此前，我们多少也算帮了苏方的忙，那么到了"浮冰卸油"的时候，无论是我们向澳大利亚的戴维斯站借油管，还是向苏联的进步站借备用油罐，都是单向的，无偿的，而且后果是"严重的"。因为一旦卸油不成，轻则中山站缩小越冬规模，重则封站撤人。而这，都是我们损失巨大，甚至是承受不起的。难得的是，这两家不但借了我们东西，还在精神上给予了我们以莫大的支持。

事实上，翻开一部中外极地考察历史，无论是在南极，还是在北极，某种意义上，就是一部你既有求，我必有应的历史。在这些肝胆相照的极地人之间，已经有了一个不成文的规矩：当别人来"求"东西的时候，第一，只要有就得给，第二，东西不多可以少给……而且，与有求必应相伴的，就是有险必救。远的不说，2005年，中国首次组织内陆科考队登顶"冰穹A"。考察途中，机械师盖军衔出现了严重的高原反应。中方紧急联系美国极点站，他们即派飞机把盖接到了极点站，后又送达新西兰，使他得到了及时的医疗救护。2010年1月8日，中国第26次队的一名队员在中山站施工时被车辆撞到，腹腔内大量积血，手术后又病情恶化。11日晚7时，澳大利亚戴维斯站派出直升机，将其接到戴站。9时，又从戴维斯机场安排一架小型固定翼飞机，经过五个小时飞行，于次日凌晨将其送达澳大利亚凯西站，3时20分，又安排其乘空客319飞机飞往澳大利亚的霍巴特，并得到了更好的治疗。而所有这些，都是无偿的，没有条件的。

四、只"喜"不"忧"

在极地，每隔一段时间，就会安排一次队员、船员与国内家属的通话。然而令我感慨的是，这里的一个不成文规矩，不仅所有队员、船员都清楚，而且连他们的家属似乎也无师自通，即报喜不报忧。其导致的后果，是极地考察队员只能得到家里好的消息，而听不到不好的。关于这一点，我想在此也引用一下我的两位极地考察的老领导的"说法儿"。

一位是贾根整，极地办的原副主任。他在《往事记忆》一书中曾这样写道："一般情况下，队员的家人有什么不幸，都不会告诉在南极的亲人，因为即使告诉了也回不来，反而引起在外人的不安和痛苦，这对我们南极人来说已经约定俗成。"另一位是魏文良，"极地"号船原船长、极地办原党委书记。他在当船长跑南极时，他的一名船员老是惦记父母妻儿，并为此背了思想包袱。他是这样开导他的："你老想着他们，只能给你增加思想负担。不管家里出再大的事情，他们也不会告诉你，想也没用！"

这两位，既是我国南极考察事业多年的领导，也是我曾经的采访对象。我深知，他们的这两段话，既是话出肺腑，道出了他们作为南极考察普通一兵的经验之谈，同时也反映出了极地考察队员内心深处的一种无奈。

刘明，中科院测量与地球物理研究所工程师，参加了十二次越冬队的中山站越冬。他母亲患了癌症，家人却一直在电话里瞒着他，直到他乘坐的"雪龙"号船回到上海。当他不顾一切地赶回武汉的家中，第二天一早就奔到医院时，母亲还能认人，但已不能说话。他伏在母亲的病床前，对老人说："妈，我回来了，一切都好了！"但下午4时，母亲即开始昏迷，两个多小时后，母亲离世。

董文连，时任"极地"号船大管轮。三次队时，他随船队远征西南极。不想这年的大年三十，他那辛苦操劳了一生的母亲，在家乡病逝。他始终被瞒着。直到船回青岛港锚地，刚刚得到消息的船长和政委，才把这一噩耗告诉给他。作为长子，他最知道母亲的付出。他的眼泪哭干了。从此以后，每年在船上的除夕，他都在露上一面以后，闭门独处。

…………

事实上，极地文化的表现，还应当包括更多的方面。比如"绿色环保"，这一点非常容易理解。因为到目前为止，极地都是最绿色的大陆，最环保的地区。她们与非绿色、不环保的行为，最是格格不入。再比如"超越国界"。这种超越，不仅表现在来这个地方，可以不用任何签证，在这个地方生活，可以同时享受多国的"国民待遇"，更表现在，你虽然来自一个个的国家，但在极地，却孕育出了一种只有"世界公民"才会有的视野与胸怀。最恰当的例证，是在中山站的建站之初，中苏（俄）两国的队员，可以心平气和地谈论起"珍宝岛"，而在20世纪60年代，这两个大国曾为这个小岛大打出手。在西南极，英国与阿根廷的队员，可以在一起热烈对饮，大谈友谊，就好像这两个国家从没有因为领土纠纷而有着长达200年，并延续至今的恩恩怨怨。

所以总有一天，人们会发现，在地理上，极地地处偏远。然而在文化上，她却代表了未来。

八名北极游泳的队员合影留念。

39 /
雪地徜徉

　　无论如何没有想到，在我两次离开南极大陆的时候，最依依不舍的，竟是南极的雪。朋友说，那是因为你也有恋土情结。在南极，雪就是土，它原本就有一个别称，叫玉尘。

　　就在中山站莫愁湖西岸的坡地上，我曾一遍遍地走。从南走到北，再从北折返回来。脚下，是数厘米厚的雪。再往下，就是软雪压实后变硬的冰。踩在雪上，会有轻微的"扑哧""扑哧"的声响。我爱听这声响，仿佛它们，是对我心音的回应。此时此刻，就在即将告别这片神奇大陆的时候，我的内心，充满惆怅。

　　谁都知道，南极是风国雪都。来南极，如果没能在大风雪里走上一遭儿，终归遗憾。因此度夏队员，总是羡慕甚至妒忌越冬队友。不想，十四次队度夏时的一场风雪，让我们如愿以偿。

　　这天，从下午一时起，站区开始雪花飞扬。几小时后，已是银装素裹。傍晚，风雪越来越大。晚饭后，我与另两位队友同去站区西头的小山上拍照，一出房门，就感到寒气逼人。不到300米的路程，几次被风吹得站立不稳。冰晶夹着雪片，打在脸上如同沙砾。我们是侧背着身子爬上山顶的。这场风雪，一直持续到第二天的中午。降雪厚度15厘米，风力8～9级，瞬间高达11级，最大风速为每秒26.4米。风雪过处，"呜呜"作响，房栋颤抖。大风卷起落雪，有如滚滚浓烟，将眼前的一切吞没。站区轮廓，变得时隐时现。由于风大，远处的大量积雪被吹进站区，使得房栋之间形成多条雪坝，最高处达1.5米。一些新队员在走过雪坝时，由于雪深，左右脚均陷其中，势成骑虎。一位老队员笑着对我们说，越冬的时候也就是这样子了，只不过天更寒、风更大、坝更高、雪更多。

我知道，我们度夏所经历的，不仅不能与越冬相比，就是在国内的北方，到了冬季，超过十级的大风，深有数米的雪灾，也并不鲜见。在南极，每一场风雪的价值，在于即使它是局部的，冰盖也会因此而变得更大、更厚。千百万年以来，造物主就是这样，用下雪的方式，玉成了南极这块硕大无朋的冰陆。经年累月的雪，一点点地积累，一次次地压实，从而彻底改造了南极，改变了地球。与地球的造山运动一样，南极的造冰运动，也是大自然的神功。雪，不过是其中的雕塑大师。在南极，经历下雪，就是参与、见证了雕塑冰陆这一伟大的进程。

事实上，冰雪覆盖了整个南极大陆的95%，就好比给它的头上戴了顶奇大无比的帽子，因此人们把这些冰雪称为冰盖或者冰帽。它的平均厚度为2000米，最大厚度为4800米，总体积为2800万立方公里。这一坨，是占全球90%的冰雪，或者全球72%的地表淡水。它一旦全部融化，海平面将上涨60米。大自然的这一杰作，用去了1000万年的时间。更为有趣的是，今天的南极大陆，已形成两层地形。上层是人们可见的，主要由冰雪组成的地形；下层是看不见的，只有通过遥感技术测知的冰下基岩地形。在冰盖的巨大压力下，南极大陆及其周围岛屿的岩石圈向下弯曲，从而使得东南极的大部分基岩表面尚在海平面以上，而西南极的绝大部分基岩表面，已下沉到海平面以下，有的地方甚至在海平面以下的2000米处了。

假如有谁能送来一支可用的巨型钢钎，我们以澳洲大陆为支点，撬开这两千米厚的冰盖，看一眼下层基岩地形的真容，眼前的景观会令我们瞠目结舌：东南极的面积与现在的差不太多，只是高度会从平均2350米，下降为410米；但西南极面积的相当部分，会蒸发消失，剩下的，会被海洋分割成几块互不相连的岛屿。而造成这沧海桑田的，

累了，考察队员就躺在洁净、松软的雪地上小憩。

中山站的一处坡地上，留下了考察队员们的足印。

竟然是源自一片片轻若鹅毛的白雪。

同所有北方的孩子一样，我从小就喜欢雪。

在儿时，下雪是天公送给我们的节日。孩子们会因雪而集结起来，可有几种开心的玩儿法。首先是分成两拨儿，开打雪仗。具体说来，就是捧起一团团的雪，用两手一点点地攥成雪球，然后掷向对方。由于雪团并不坚硬，也无泥土，所以在男孩子们的所有战斗性的游戏中，是最安全、最干净、最文明的"作战"样式，女孩子也能大量地参与。其次是开堆雪人儿。要先在雪地滚出一个大球，那是雪人儿的身子。再滚出一个小一点的球，那是雪人儿的头。这两个球的比例要合适。然后，眼睛、鼻子、嘴，则就百花齐放了。雪人儿的创作，可大可小，可简可繁。大的可高两米，小的不到一米。好的，栩栩如生，差的，无比丑陋。雪天的第三种玩儿法，最省力，也最潇洒，就是找出一块长长的平整的雪面，来来回回出溜上几十趟，就打磨出了一块冰面。再回家穿上那双塑料底的棉鞋，于是，小伙伴们排成队，一个接一个地先助跑，再溜冰，可以折腾得不亦乐乎。

然而，说到底，在我们这样四季分明的大陆，雪不过是生活的一小部分，是局部，是偶然。在我们这里，没有了雪，虽会出现干旱，也不会是致命的。没有了雪，不过大地会少了装点，空气会少了净化，生活会少了情趣，仅此而已。但在南极，雪却是主角，是全部，是必然。没有了雪，南极大陆的风，会将仅有的一点水分抽干，干旱将杀死原本不多的珍稀生命。没有了雪，也就没有了冰，冰山将消耗殆尽。更为可怕的是，南极大陆终将因为只减不增，而在越过了临界点后的某一天，彻底消失。

因此在南极，每一片雪，都珍藏着一个想法。有多少个雪片，就有多少项使命。

冰盖的形成，是雪经过堆积、压实，最后成冰的过程，又是千万年以来，气候不断演变的结果。在这个过程中，微小的空气气泡，封存于连续的冰层之中，无意间成了当时大气的取样。今天，当我们提取深冰芯中的气泡的时候，就可以轻松地获得古时候的大气成分记录，用以研究温室气体，以及一路走来的全球气候变化。

因此在南极，昨天的雪，就是今天的秘密。今天的雪，就是明天通往未来的钥匙。

两赴南极，我曾数十次地沐浴在雪的洗礼之中——

当漫天白雪铺满中山站区，我从高处俯瞰，那些钼红色的站区早期建筑，有如在这冰天雪地飘落的几滴炎黄热血；

当鹅毛般的大雪飘落，寂静的站区工地就成了童话的世界。同在雪中，正在紧张施工中的我们，每个人都成了画中之人；

当白雪像一张巨大的白布，盖住了普托夫的墓地，及其周围的丘陵、半岛、冰盖和海冰，我看到的是万物归一的寂寥；

当密密麻麻的雪片，随风向我们袭来，整个世界，已成混沌一片，东西不辨，上下不分。于是，心随雪动，雪随心静；

当圣洁的白雪，纷纷扬扬洒向大地，轻盈的雪片，挂在了我们的发梢、耳郭和睫毛。然后，它们被暖成水滴，静静地流下脸颊，流入脖颈。我们的心，似在与雪花一同融化……

来过南极，你今后的人生选择，都会变得更为纯净。

正是在南极的一个雪天，我发现人的一生，其实要有两次葬礼。第二次，是埋葬你的肉身。为你送行的人，一定是你的亲朋好友。而第一次，是埋葬你的灵魂。为你送行的人，只有你自己。这就要求在你还活着的时候，要为自己看好一块"风水宝地"。我找的地方，就是南极。因为用来埋葬我灵魂的土壤，都是玉尘、银粟。它们，不仅低温，而且保洁。

看多了大雪纷飞，苍茫无际，于是，我开始观察雪花，琢磨雪花。我知道了，雪花是一种美丽的结晶体，它的结构，会随着温度的变化而改变。它们在飘落的过程中，相互联结，就形成了雪片。雪花很轻，单体重量只有0.2～0.5克。不可思议的是，无论雪花怎样千变万化，它的结晶体都是有规律的六角形，故又名"六出"。但细分起来，这六角形又有着两万多种细微图案。国际雪冰委员会曾把大气固态降水分为十种，即雪片、柱状雪晶、星形雪花、多枝状雪晶、轴状雪晶、针状雪晶、不规则雪晶、霰、冰粒和雹。前面的七种，被总称为雪。

雪，与人类的机缘日益深厚。

首先，是它的医用价值。据资料记载，雪水不仅能去火、明目、解毒，民间还用其治疗火烫伤和冻伤。经验告诉我们，经常用雪水洗澡，能减少疾病，增强体质。如果长期饮用干净的雪水，还可延年益寿。

其次，是它的农用价值。对北方绝大部分的干旱农田来说，春汛是灌溉最重要的资源。而其水的主要来源之一，就是积雪的融化。在寒冷季节，一层厚实而疏松的积雪，等于给小麦加盖了适宜的棉被。更妙的是，因为雪水温度低，恰能冻死地里越冬的害虫。

最后，随着对大自然的回归，人们正有意无意地拉近与雪的距离。谁都没有料到，在2022年24届冬奥会的申办中，北京虽拥有经济规模、基础设施、办会经验等方面的绝对优势，但在天然雪量方面，与阿拉木图相比却有明显不足，而这成了一个比较中的焦点性问题。于是，雪变成了竞争的利器。此后，北京与张家口联合申办成功。这意味着，在冬奥会全部86个冰雪项目中，半数的雪上项目将拥抱国人；从此将有超过三亿人口的华夏子孙，在户外运动中与冰雪为伍，与冰雪为伴。

…………

两赴南极之后，在国内，每当再有雪花飞舞，我都似乎重又回到了万里之外，那皑皑的冰雪之乡。

40 /

两极"情缘"

　　第一次知道南极，是在小学。那是我在北京冰窖厂小学上"常识"课的时候。教我们这堂课的老师姓李，是位温文尔雅的先生。有关南极，我记住了李老师说过的两句话："都是冰"和"没人住"，再有，就是李老师说这话时的样子。后来回到家，与家里的世界地图一比，发现老师说得真对。因为在地图上，南极就是白色的，那就是冰的颜色。不过，这使我非常好奇：怎么能"都是冰"呢？这冰怎么能比中国还大呢？还有，这么好玩儿的地方，又怎么能"没人住"呢？在儿时，溜冰是我最喜欢的游戏之一。于是，尽管懵懵懂懂，我还是第一次萌生了要去那里，玩上一次溜冰的想法。

　　后来上了中学，有了地理课，我不仅对南极有了更多的了解，也从概念的层面，知道了北极。但真正让我对两极产生兴趣的，是在高考补习的时候。这时，我已经到了北京八十一中学。回想起来，当时负责我们高考补习的老师，真是个个精英。其中负责地理课的，是冯老师。他的特点是，在教授地理知识的同时，会传授给学生一种"地理精神"。有了这种精神，你会真的爱上大自然，会带着这份爱心去游山玩水。正是在这种氛围之中，我曾经悄然立志：全世界共有六个地方，今生今世一定一游，其中就包括南极和北极。

　　再后来就是读大学，接着就是工作。这期间，整个中国，已经更加开放，同时作为一个个人，性格的成长也已经完成。这个时候的我，不仅完全接受了要“行万里路”的古训，而且早已在内心深处，以四海为家了。这个时候的南极北极对我来说，只要能去，那是首选。因此，到了1984年，中国宣布要在南极建立第一个考察站的时候，我对那些随行媒体记者的态度，只能用“艳羡”二字形容。曾经有很多天，一种炽烈的欲望，烧得我多日不能顺利入睡。

首次队，是去西南极建长城站，轰轰烈烈。我没去，也没送，更没写，因为当时我还没到中国青年报。五次队，是到东南极建中山站，因为是中国人首次登上南极大陆，所以就更是凶险刺激。这时，我不仅到了中国青年报，还因为我在科学部，而刚好与南极考察这件事儿对口儿。我当然还是没去，但我不仅送了，还动笔写了。写的这篇，是我跑这个口儿以后，写的第二篇东西。第一篇是对当时南极办主任郭琨的专访。干新闻的人都知道，专访这种体裁，一般说来，理性有余，而感性不足。可这第二篇就不一样了。这是一篇来自现场的特写，而现场，又是送别，是对远赴万里之外，同时又充满风险的征战南极的送别。所以这篇东西，我不仅讲理，还动了情。事情虽然过去快30年了，但我依然对这篇稿件情有独钟。我说过：“这篇特写，是我对南极的初恋。”

记得当时我成稿时，标题是“一路平安”。这是我一天多的采访后，对总体印象的提炼。但当晚稿子到了夜班，编辑认为后来见报的标题，更能反映问题的实质，于是就用了下面的题目：“南极呵，中山站将成为中国的桥头堡——写在我国首次东南极考察队出征之际。”下面是正文（个别字句有订正）：

“不完全由于偶然。大本营依据最新气象资料，最终将中国东南极考察队的出征日期推迟至11月20日。这个时间，恰与4年前我国首次赴南极考察队的出发日相同。

临近上午9时，青岛港5号海洋局码头近千的人群，经过一阵喧哗之后安静下来，只剩下海军潜艇学院34人的军乐队，在高奏嘹亮的迎宾曲。

满载2300吨中山站建站物资和116名中华儿男的'极地'号抗冰船，静静地依偎着码头。按照考察队编队总指挥陈德鸿的命令，除20名队员代表下到半环船而设的欢送会场外，所有队员全部在主甲板肃立。此刻，晴空万里，一轮朝日正在船的另一侧天边冉冉升起。

在送别的家属中，更多的是当地队员的亲眷，也有的来自祖国的四面八方。循着一位位年轻妻子的视线，你甚至可以觅到船上一对对深情的目光。

当长城站正在诞生之际，在东南极大陆建立第二个考察站的腹稿，已在孕育之中。南极大陆，这块地球上最后一个天然科学试验场所和唯一未被开发的宝地，由于储藏着估计有400亿吨石油、5000亿吨煤、可供世界使用200年的铁矿等丰富矿产资源，早已回荡起为人类亦为祖国、既合作又竞争的双重变奏。多年来，若干国家单方面宣布领土主权要求，其面积覆盖了南极的85%。不久前，南极条约国一致通过了南极矿产资源管理公约。国家南极委主任武衡指出：这意味着南极的矿产资源开发，已不是十分遥远之事。

中山站——将成为中国在南极大陆的桥头堡。

就在出发前48小时，大本营领导在'极地'号上召开了一次临时会议，紧急研究了从南半球拍来的一份电报。10月5日，考察队队长郭琨率先遣组提前南下。就在他们搭乘澳大利亚万吨级抗冰船'冰鸟'号，第一次试图穿过西风带时，遇上巨风，致使船上所载4架直升机全部损坏，被迫返航。第二次，郭琨等才顺利通过西风带。电报发自中山站建站地域的普里兹湾内的拉斯曼丘陵地带。电报还通报了'目前冰厚2米'的情况。

此次，也是我国船只首航南极大陆。'极地'号出航后，直到澳大利亚最南端的霍巴特港，均为国际通用航线。但若继续南下，就将穿越常有七八级大风的西风带以及海况复杂的冰区。这段航程有2800

多海里。根据资料，他们还将遇到相当于台风的气旋的袭击，再加上目前还难以预料的冰情，能否在12月25日如期抵达目的地，能否顺利地靠岸、卸货，还是未知数。虽然'极地'号人、船素质均在上乘，陈总在誓师会上还是做出了这样的动员令：只要顺利抵达、卸货，我就敢宣布中山站已经建成。

专家们重新审度了全部方案，并制定了应付最复杂情况的对策。

凝集着多样的目光，时针指向9时整，欢送大会在国歌声中开始。

傲然肃立的胡玉平，这位共和国的同龄人，在刚毅的面容下，却有着一颗能'自我理解'的平常心。他曾在长城站建设立下汗马功劳。作为一个老中专生，终于赶上了可能被'破格'为工程师的机会，但当南极再次召唤的时候，他选择了后者。腼腆的队员刘广东，珍藏着一个秘密。行前，他最后一次亲吻了刚刚9个月的女儿，对重任在肩的妻子说：'告诉我，等我越冬一年半后回来时，你给女儿剪什么发型，好让我一眼就能认出她。'队员中，年龄最小的是22岁的白海刚。他父亲几年前病逝，拉扯着四个孩子的母亲越来越多地依靠这个老大。他家境不宽裕，还拖欠贷款。到青岛集中后，小白从600元置装费中给母亲寄回300元。出发前5天，他收到母亲一封电报：'信、钱收到。家不买东西，你用钱来电。祝儿平安，母盼儿归。'他哭了。开发南极的伟业，就是由这些普通人的生活铸成。在启航前一天，中央电视台一位作为队员的随访记者，在祖国本土度过了他36岁生日，其弟专程代表家人前来祝贺。晚间，一名年轻队员想与热恋中的女友再会一面，却因道路不畅未能如愿。

民革中央名誉主席、92岁的屈武，时隔64年后第二次来到青岛。此时，面对邓小平主席题写的'中国南极中山站'站名，他浮想联翩：'孙先生的在天之灵，一定会感到极大的欣慰。'

仪式在依次进行。讲话、祝愿、授旗、献花、下达启航令……9时50分，一声汽笛划破长空，'极地'号徐徐离去。码头上鼓乐齐鸣，

1991 年，作者在南极。

热泪飘洒。有人看见，屈武老人眼眶有些潮湿，嘴唇在轻轻蠕动。"

　　稿子见报后，报社内外的反响都好。其实，当时我跑南极这个口儿的时间并不长。老的记者告诉我，要想能早去南极，一看你所在的媒体是否重要，第二就要看你能不能写。对于前者，我从来没有质疑过中国青年报的巨大影响力。对于后者，令我没想到的是，这篇特写，竟然成了我和南极之间的"定情之物"。因为从这篇特写到批准我加入七次队之间，再没有像样的采访写作，可以说其他方面"寸功未立"。凭什么我能这么快就去了南极？一次，我去问郭琨主任。他是个内向的人，但还是很认真地回了我一句："你那篇特写，写得很不错！"

　　也正是对五次队的采访，使我对南极一"见"钟情，恨不能立即变身为下一次队的特派记者。从青岛回到北京的第一件事，就是与妻子商量：继续不要孩子。表面上的理由，是确保我去南极时能轻装上阵。其实在内心深处，是真的担心万一有个好歹，不能留下孤儿寡母。但没有想到的是，六次队根本没有安排随行记者，这期间也没有什么像样的采写活动。准确地说，那段时间，有关去南极的事儿，我已然是放下了，要不要孩子，都已经顺其自然了。有趣的是，我们中国青年报的科学部共有八名编辑，那一年竟然四个家庭几乎同时段怀上了孩子。于是，我曾经想极力避免的情况，还是出现了。就在确认有了孩子后的两个月，报社也接到了国家海洋局南极办的电话通知，同意我以中国青年报特派记者身份，随七次队出征。在我个人历史上，情况总是这样，一有好事，就会"撞车"。学会了打桥牌后，我索性管这种情况叫"将牌对损"。

　　女儿是 1990 年 8 月 13 日出生的，两天后我就赶往青岛参加了集训。回来后的第一件事儿，就是给孩子起名字。我当时还真是琢磨了一下，确定了孩子的名字要符合"三好"的原则，即音好、字好、意好。所谓音好，是叫起来要朗朗上口；所谓字好，是用字要平实，但内涵要丰富；所谓意好，是要雅俗共赏，有一定意境。最终，女儿取名张语南。所以取"南"字，是因为孩子在还没有出生之前，就与南极有了千丝万缕的联系。所以取"语"，一则因为我们夫妻都喜欢这个字，觉得它有书卷气，二来因为在字典里，"语"还有"说"的意思，这样"语"和"南"组合在一起，就可以解释为谈论南极、评说南极，进而可以引申为关心南极、关注南极。总之，给女儿起名"语南"，是想用这个方式随时提醒她，做人，一定要像南极一样冰清玉洁。

参加十四次队，使我在相当长的时间内，成为国内新闻界唯一两到南极的记者。这不是荣誉，但这是机会，使得我能够更深一步地观察和思考有关南极的很多问题。当时向我提供组队信息的，是极地办的王新民，促成我加盟的，是当时极地办的新闻处长吴金友，他们都给了我很大帮助。而最终促使我成行的，其实是源于极地办的一项考虑。就在敲定我参加十四次队的那次谈话中，贾根整副主任就曾明确对我说，希望我发挥两到南极的优势，写出新角度，提出新问题。因此，当我把二赴南极的想法向报社汇报的时候，报社原本是希望能换个人，也给别的同志一次机会的。于是，我又把报社的这一考虑，原原本本地说与了极地办领导。不想，极地办一听就不干了，说那就不让中国青年报去人了，因为他们要找的，就是"经过了南极考验的老记者、老同志"。

实际上，就在中国的南极考察如火如荼之时，国内的有识之士，也早把目光投向了北极。就在我随七次队回国不久，位梦华先生也在通过民间方式，积极组队前往北极，而且人民日报海外版的孔小宁，也已经找到了我，希望我能加盟。坦率地说，去过南极之后，再去北极的想法会更强烈。但是，考虑到应当机会均等，我还是没有过多犹豫，便将这一机会主动提供给了同事。因此在1999年，当后来国家海洋局极地办第一次组队前往北极，并找到我的时候，我没有再游移，而是坚定前往，终于圆了多年的梦想。

三赴极地，真的验证了那句"有缘千里来相会"的老话。如今，两极的心事已了，然而两极的缘分却更深——因为它们，已经成为我生命的组成部分。

1999 年，作者在北极。

后记

书稿杀青，我却余兴未尽。这几十篇文字，无异一条通往过去的时间隧洞，让我在这白色的世界，再次尽情游历。我忽然发现，20多年的远离，20多年的尘封，其实一切，都还近在咫尺。写作的过程固然孤冷，但很多时候，我却充满激情。这是因为，白色并不单一，其实它原本就是红、蓝、绿的集合。现在好了，我又回到了色彩斑斓的现实中来了，这让我如释重负。写这本书，对我来说，是还了一笔旧账，也了了多年的一桩心事。

在此，我先要感谢中国青年报的老同事们。正是他们，曾在20多年前就写作此书，认真地鼓动过我，激励过我。还要感谢吴军、夏立民这两位极地办的领导，他们为我的写作，提供了诸多的便利。我要特别感谢孙昕女士，作为此书的责任编辑，从书的动议、策划，到书的写作、出版，她给予了我以巨大的帮助。还要特别感谢张子弘先生，他为图片的挑选和加工，付出了很多的辛劳。我要感谢的人还有很多，他们或是我的队友，或是我的同事，或是我的朋友，都以各种方式支持了我，我就不一一列举了。最后，我还要感谢我的家人。

借此，我要告诉各位的是，记忆是有选择的。真正需要记住的东西，是不会被忘记的。

张岳庚

2015年11月8日

图书在版编目（CIP）数据

白色记忆 / 张岳庚著 . —北京：知识产权出版社，2016.5

ISBN 978-7-5130-4140-9

Ⅰ.①白… Ⅱ.①张… Ⅲ.①南极—科学考察—中国—画册 ②北极—科学考察—中国—画册 Ⅳ.① N816.6-64

中国版本图书馆 CIP 数据核字（2016）第 069316 号

内容提要

写极地，就一定有两个绕不开的话题。其一，是极地到底在什么方面吸引着人类，满足了人类？其二，是人类去极地都会遇到哪些麻烦，需要直面何种挑战？本书以中国第七次、第十四次南极考察和首次北极考察作为叙事依托，生动展示了南北两极所具有的科学和人文价值，较全面地介绍了极地考察人员精彩的工作、生活内容。尤为珍贵的是，书中还包括了南极葬礼、浮冰卸油和气旋袭击等极为罕见的极区经历。正是这些，构成了作者人生记忆中浓墨重彩的一笔。

责任编辑：孙　昕	责任校对：董志英
文字编辑：孙　昕	责任出版：刘译文

白色记忆

张岳庚　著

出版发行：知识产权出版社 有限责任公司	网　　址：http://www.ipph.cn
社　　址：北京市海淀区西外太平庄55号	邮　　编：100081
责编电话：010-82000860转8111	责编邮箱：sunxinmlxq@126.com
发行电话：010-82000860转8101/8102	发行传真：010-82000893/82005070/82000270
印　　刷：北京嘉恒彩色印刷有限公司	经　　销：各大网上书店、新华书店及相关专业书店
开　　本：720mm×1000mm　1/16	印　　张：23.75
版　　次：2016年5月第1版	印　　次：2016年5月第1次印刷
字　　数：300千字	定　　价：49.00元

ISBN 978-7-5130-4140-9